美国大都市区肖像丛书

凤凰城：
沙漠中的地域构建与社区建设

[美]帕特里夏·格贝尔　著

贾荣香　译

由芭芭拉·特拉皮多·卢里　绘制

中国建筑工业出版社

著作权合同登记图字：01-2016-0722 号

图书在版编目（CIP）数据

凤凰城：沙漠中的地域构建与社区建设 /（美）帕特里夏·格贝尔
著；贾荣香译 . — 北京：中国建筑工业出版社，2018.10
（美国大都市区肖像丛书）
ISBN 978-7-112-22637-5

Ⅰ. ①凤…　Ⅱ. ①帕…②贾…　Ⅲ. ①城市建设 — 城市史 — 美
国　Ⅳ. ① TU984.712

中国版本图书馆 CIP 数据核字（2018）第 204599 号

Metropolitan Phoenix: Place Making and Community Building in the Desert/
Patricia Gober. ISBN 978-0-8122-3899-0

Copyright©2006 University of Pennsylvania Press

Chinese Translation Copyright©2019 China Architecture & Building Press

All rights reserved. Published by arrangement with the University of Pennsylvania
press, Philadelphia, Pennsylvania. None of this book may be reproduced or
transmitted in any form or by any means, electronic or mechanical, including
photocopying, or by any informatiom storage and retrieval system, without
permission in writing from the University of Pennsylvania Press.

责任编辑：戚琳琳　率　琦
责任校对：王　烨

美国大都市区肖像丛书
凤凰城：沙漠中的地域构建与社区建设
［美］帕特里夏·格贝尔　著
　　　贾荣香　译
＊
中国建筑工业出版社出版、发行（北京海淀三里河路9号）
各地新华书店、建筑书店经销
北京点击世代文化传媒有限公司制版
北京建筑工业印刷厂印刷
＊
开本：787×960毫米　1/16　印张：14　字数：146千字
2019年1月第一版　2019年1月第一次印刷
定价：48.00 元
ISBN 978-7-112-22637-5
　　　（32765）

版权所有　翻印必究
如有印装质量问题，可寄本社退换
（邮政编码 100037）

美国大都市区肖像丛书

　　本套丛书探讨了过去和现在多样性融合中的当今都市。每一卷讲述一个北美都市区域，包括其历史经验、空间布局、文化以及当今所面临的问题。本套丛书的引进，旨在激发与促进国内读者对北美主要都市的了解与探讨。

目　录

前　言

朱迪思　·　A　·　马丁

　　帕特里夏·格贝尔（Pat Gober's）的《凤凰城：沙漠中的地域构建与社区建设》是"美国大都市区肖像丛书"中的一卷，也是我一直期待的一本书。本书追求以紧凑动感的方式描述整个都市地区。我第一次与凤凰城相识于1977年，当时发现这座城市除了巨大的网格状街道模仿了芝加哥城以外，看上去和多数城市不一样。之后经过多次接触，终于明白凤凰城不仅有仙人掌和蜥蜴，也面临与其他大都市一样的挑战。尽管越来越熟悉这座城市，但我还是期待能有一本很好的读物更深入地了解凤凰城。帕特里夏·格贝尔密切关注家乡的一草一木，为我们提供了一本优秀读物，其价值甚或远不止一本优秀读物。

　　格贝尔在书中从历史、空间和环境角度描述了当代凤凰城。她与读者共同感受凤凰城人口的多元化、凤凰城人的远大抱负以及对沙漠环境的持续承受力。她与弗兰克·劳埃德·赖特、卡尔·海登和巴里·戈德华特共同探讨，从古代霍霍坎文化起源到德尔波特·韦伯的第四个太阳城以及到盐河平原的国际机场，打造凤凰城的故事离不开城市的真正精英与公平公正的态度。凤凰城已成为一座热忱的汽车城，几条大型的轻轨路线开始建造；预计到2050年，凤凰城可容纳600多万的居民；凤凰城在研发沙漠边缘的新城市项目。叙述过程中，戈伯在问：如果不改变现有模式，凤凰城会有可持续性吗？

格贝尔讲述了凤凰城如何走向成熟，40年中如何进行戏剧性的转型，穿越太阳谷向四面八方扩建。城市接纳了来自美国其他地区和墨西哥的移民100多万，还有成千上万的雪季"候鸟"，这些雪季"候鸟"一直鸣叫"我们不是洛杉矶人"。凤凰城靠棉花地交换高技术产品。凤凰城一直积极致力于解决间歇性的山洪暴发，开发印第安湾水域和沿运河地区的娱乐性活动场所。来到这里的人们惊讶地发现"新"凤凰城人口密集，远超过他们家乡草地上建造的单体式家庭小区，沙漠风景随处可见。凤凰城遇到了与其他城市一样的挑战，即如何保持市中心的活力。格贝尔重点关注了凤凰城选择传统体育馆中心进行改革的途径，并与坦佩谷选定的居民娱乐途径做了比较。她带领读者走进斯科茨代尔、钱德勒、吉尔伯特、梅萨等地区，在读者眼前展开一幅幅各具特色的沙漠风景。

最后，作者对凤凰城的未来进行了思考，即如何在如此干旱且脆弱的生态中保持持续发展的态势。本书构建了公共讨论的基本框架，无疑是凤凰城新居民的必备读物。作者在"在沙尘中安然无恙"这一章中，讨论了如何才能做到真正地让所有人免受伤害。

第1章

沙漠城市化

现代凤凰城有个恰当的比喻，神话中的凤凰鸟在原始文明灰烬中涅槃腾飞。凤凰城的文化实质是一切从头开始，彻底清除旧痕，摆脱陈规，追求移民的进取和冒险精神。共同的态度是不计过往，面向未来。当地专栏作家 E·J·蒙提尼（E.J.Montini）曾应邀为匹兹堡家乡的伙伴们描述凤凰城，他说凤凰城是移居的地方，匹兹堡是忘不了的地方。移居凤凰城很容易，因为大家都是移民。[1] 传统的东西很少，本土感很弱，凤凰城不在意传统纽带，移民完全可以根据自身意图构建新生活。

一批又一批的移民在不断地重新开始和重新构建。第一批移民是霍霍坎时期的农民，他们建了 1000 多英里的运河灌溉土地，艰难地维系当时的文明体系，据估计，当时的人口最多达到 4 万。霍霍坎文化在公元前 1450 年以后消失，随后该地区大面积荒芜，直到欧裔农民改造了旱地河谷，才不再荒芜，不再与世隔绝，成为 19 世纪末期农民的天堂。20 世纪，哮喘病患者、关节炎患者和肺结核患者——这些所谓的健康寻梦者开始到这里，希望亚利桑那州中部温暖的沙漠气候能带给他们充满活力的健康生活。第二次世界大战中，有许多老兵在这里服役，接受基地的战斗训练。战后，他们携带家人返回这里开始新生活，有的在新兴电子工业领域和国防企业工作，也有的去上大学。战后吸引来的这批转业军人逐渐明白，在凤凰城周边社区转业可以开始崭新而自由的生活，而不是人们通常理解的——来这里是等死。这种观念后来受到太阳城公众的广泛认可。转业军人看重的不是这里的阳光多明媚、房价多适中，而是这里能提供机会参与"积极转业"，一种激进的社会实验。凤凰城是一个崭新的地方，是一切可以重新开始的地方，对移民有持续的吸引力，成千上万的美国移民和墨西哥移民——合法的或不合法的——每年都不假思索地拖家带口来到这里，在这里工作、退休、欣赏沙漠、享受经济适用房、进行户外活动，期待更加美好的未来。

德尔波特·韦伯是太阳城的奠基人，他对往事如水、未来如梦感悟最深。德尔波特·尤金·韦伯于 1899 年出生于加利福尼亚州的弗雷斯诺，他放弃学业搞工程，打棒球乙级联赛。有段时间他得了伤寒病，病了一年多，之后放弃了棒球，为了健康搬到凤凰城。长期从事工程后，包括战事工程，他在 1945 年果断买下了纽约扬基棒球队。人们敬重韦伯的商业敏锐和棒球运动的机智，但最值得人们称道的是他开发了太阳城，普及了"老年的新生活"，1962 年的《时代杂志》如此报道过。[2] 韦伯身边的人既了解本地房产市场行情又洞彻当代社会需求。他们看到老人们的寿命在延长，手里的积蓄多，渴望有新追求，愿意以自己的方式和同代人生活，而不愿过传统的老年生活。最初搬到太阳城的人自称为先驱；他们建造的第一个家被刻上"新生活第一人"。[3] 德尔波特·韦伯的太阳城创建了凤凰城等地的多种生活方式，既针对退休者，也针对高尔夫球爱好者、环保爱好者、美食家、跨代家庭、大学附属机构以及宗教团体。

不懈地向城市边缘推进的脚步至今仍未停止，其根本目的是寻找新意。虽然复兴市中心的努力也未间断过，但凤凰城的中心区在美国仍然最不发达。市政领导和经济领域的头领时常把复兴市中心挂在嘴上，但心里想的却是南辕北辙，至今一直在吞并边缘土地。都市已经扩延了差不多 50 英里，东到阿帕奇城乡接合部，西到俄亥俄，北到洞溪和无忧溪，东南到女王溪（图 1）。建成区域功能混杂，有印第安人居住区，也有美国最大的城市公园。在边缘地段，奶牛场、棉花种植地、菜场、农业遗留机构等与房产机构、购物中心混杂在一起。城市化了的凤凰城[4] 大约是洛杉矶面积的一半（800∶1700，单位：平方英里），人口是洛杉矶的四分之一（3000000∶12000000）（图 2）。由于土地开发有限，内城移民家庭成倍增长，洛杉矶现在是全美人口最密集的城市，凤凰城一直竭尽全力避免走洛杉矶的老路。

为了未来的发展，凤凰城随意拆毁了历史建筑和历史

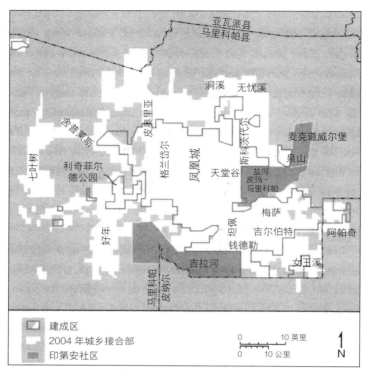

图1 大凤凰城的主要城市

街区。玛丽·罗斯·威尔考克斯是马里科帕县监督董事会
成员,她和她的丈夫非法拆除了第五大道和格兰特街口的
一座宅子,这座建筑属于 E·S·特纳家族,具有 105 年
的历史,一直受到遗产部门的保护。特纳夫妇表示遗憾,
但是监督人士说:"在我眼里,它(房子)就像一段残壁。
我们的初衷是办好事,因为吸毒者夜里常睡在那里,邻居
们都很害怕。"[5] 这位监督人士的看法代表了凤凰城对古老
和过去的典型态度:拆毁、新建、继续。

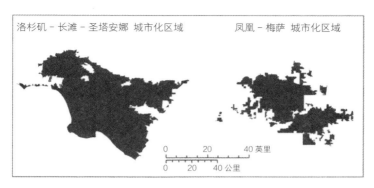

图2 城市化的凤凰城土地是洛杉矶的一半,人口是它的四分之一

坦佩谷郊区四面陆地,在复兴市区过程中举步维艰,它更注重纵向发展,对民众转变保持了足够的耐心,把历史遗址融入未来构想,选择了近20年没有发展边缘地带的盐湖。努力复兴城市核心地区的同时也面临传承中的矛盾,一种习惯性思维是集中开发边缘地带,另一种新思维是限制开发。凤凰城人逐渐意识到流动性的、有才能的和具有创造性的人士和企业是今天经济增长和繁荣的动力,需要一个优越环境鼎力支持这些人士和企业:而这种环境是充满活力的市中心而不是死气沉沉的郊区。

凤凰城除了被认为热爱新鲜事物和发展速度快以外,还以索诺兰沙漠地理景观闻名。纽约有摩天大楼,旧金山有桥梁和海湾,西雅图有太空针塔,圣路易斯有拱门,芝加哥有海岸线,而凤凰城有嶙峋的山峰、巨大的仙人掌、一望无际的沙漠景观。住在市区,大部分居民白天可以看到著名的沙漠地标,如驼背山、南山公园、匹斯特瓦峰 [之前被叫作女人峰（Squaw Peak）]、梦幻谷和巴巴哥公园内闻名遐迩的岩石洞。值得称道的是凤凰城用天然地标展现自己，而不是用人为地标，并以此定义了城市身份。每天成千上万的游客出入于这片可爱的沙漠地区。当地作家诗意地描述石炭酸灌木在雨后的甘甜味道，描述白日急行时在南山偶遇棉尾兔、郊狼和老鹰的感受。普通人高兴地讲述见到各种亚利桑那仙人掌的情景，有萨挂诺仙人掌、藜状苜蓿、刺猬、针垫、跳跳仙人掌、刺梨，讲述白天行走时见到沙漠动物的激动心情，有大毒蜥蜴、长耳大野兔、松鼠、草原狼、秃鹰、仙人掌鹪鹩和鹌鹑等。没有哪个大都市能建造在如此庄严的自然景色环境中。庆幸的是，凤凰城人一直谨慎地保护着这片宝贵的土地免受城市侵蚀，城市边缘国有沙漠公共区域的命运考验着凤凰城人继承沙漠使命的毅力。沙漠和山区风景决定着户外生活的质量，同时也决定着凤凰城能否成为美国首个沙漠城市旅游胜地的命运。

如果说德尔·韦伯集中体现的是凤凰城创新的品质，那么，另一位叫作弗兰克·劳埃德·赖特的中西部移民体现的是凤凰城和沙漠之间的关系。赖特于1867年出生在威斯康星州，祖上是威尔士人，所以也叫塔利辛，威尔士语的意思是家族中"闪光的弓"。[6] 赖特早期为芝加哥的富人设计房屋，是国内外享有盛誉的建筑师，设计办公楼、公寓塔楼、旅游点和酒店，还有他的签名住宅。他早先的学生阿尔伯特·麦克阿瑟曾聘他设计亚利桑那巴尔地摩酒店，那时他第一次见到沙漠，那个酒店叫"沙漠之珠"，1929年开业。赖特70岁时染上了肺炎，医生建议他冬天离开寒冷潮湿的威斯康星州。1937年，赖特在凤凰城东北部买了800英亩沙漠，并在此兴建了西塔利辛酒店，成为他冬季时建筑设计和教育培训的总部。赖特根据有机建筑理论，设计的建筑相容于周围的山地和沙漠，利用本地卵石发明了"沙漠卵石建筑"——红、黄、灰色卵石嵌在粗糙的木质里，再浇筑水泥。室内装潢采用沙漠的颜色和形状。不用玻璃，用帆布覆盖房顶，把柔和的阳光引入工作室和住宅。西塔利辛酒店现在是弗兰克·劳埃德·赖特冬季时的建筑教育总部，以此证明了他的观点：人类可以和沙漠和谐共存。

沙漠尽管景色壮观且魅力十足，但却很脆弱，很不稳定，生活很艰苦，主要问题是气温和降水极端化。在亚利桑那州中部的历史上，人类为了改变极端化曾做出过不懈努力：建造了世界上最大的储水配水系统，大力引进并使用蒸汽冷却和冰冻技术，最近还提出了控制水灾和改进用水政策。水管理的成功和沙漠温度的控制使得大凤凰城从20世纪初的一个小型贸易中心一举成为全美发展最快的大都市，前后用了100年。大凤凰城现有人口140万，排名全美第六大城市、第十四大都市区，2003年人口达到360万。[7]预计都市人口将在21世纪中期增长到700万，加之剧烈干旱持续，人们更加怀疑凤凰城是否有能力持续发展。人们在问：面对越来越不稳定的气候，是否有足够的水来支撑未来人口？越来越扩展的城市热岛是否会分散沙漠的活力，从而影响夏季旅游业？城市蔓延是否会影响人们走进天然沙漠，从而使他们的生活失去意义呢？在中产阶级能住得起的地方是否会有更多的就业岗位？人口增长是否会使得高速路和城市街道更加拥挤，流动性更差，把凤凰城变成第二个洛杉矶？发展是否会恶化空气质量？移民文化流行，有钱白人一族撤回到白人区域两耳不闻墙外事，这些是否会威胁到地区共同问题的解决？

有一对矛盾直接影响着地区的政策决定力，这就是凤凰城人认为社区的规模应越来越小，而重要决定的规模却越来越大。凤凰城人们的场所感：根深蒂固感、社区归属感以及深信能大有作为，所以他们认为自己脚下的这块土地不是亚利桑那州中部的绿洲，也不是大凤凰区的绿洲，而是属于自己家和自己社区的一块小领地。他们在使用和谈论沙漠时，试图使沙漠碎片化。然而，沙漠的自然属性和人类构建城市的努力都与此背道而驰。沙漠的广袤性是其属性之一。浩瀚使其地貌复杂，景色壮观。沙漠动物的漫游离不开大面积空间，沙漠碎片化会降低生物的多样性。城市的功能不只局限于使居民区集中和上班方便，而在于构建一个系统，让能源、水源、人力、文化和物质凝聚关联。虽然凤凰城人以小我的形式考虑怎样才能最好地满足个人需求和有利于近邻发展，但是未来的挑战还是落在大规模的决定上，如交通、就业、空气质量、水供给和水质量、城市热岛、公共空间保护、市中心复兴以及城市发展。

本书的中心是发展、沙漠和社区。中心问题是如何构建世界性的、多元文化的、有凝聚力的社区，如何在脆弱的不稳定的沙漠环境中持续大规模地发展。发展、沙漠和社区三个主题交织在一起，贯穿于随后的讨论中。地区环境的发展，明智大胆的决定，看上去不适于居住的索诺兰沙漠，共同创造了 360 万居民的大都市（第 2 章）；文化历史多样性，现代压力逐日增加，造成了社会分离、居民分割、区域愿景淡漠（第 3 章）；沙漠的发展机制以史无前例的速度消磨沙漠（第 4 章）；凤凰城人创造的交通体系和已建环境（第 5 章）；区域内历史核心市区再开发的前景（第 6 章）；最根本的地理性两难问题：住大而想小（第 7 章）。凤凰城到了关键时刻，领导和居民必须做出决定，是在淳朴的沙漠上毫无顾忌地建造新居，还是转向更成熟的发展模式。城市的共同目标和命运是：利用所建区域的空地，保留所遗留的城市历史街区和建筑，打造真正意义上的、与众不同的、能在生活中提供意义、快乐、归属感的地方，促进空间结构，缩短通勤时间，凝练基于沙漠和西南的文化。

第 2 章

打造沙漠城

沙漠绿洲

所有大城市的成功都离不开自身特色，凤凰城的发展和繁荣也离不开沙漠地理位置（图 3）。凤凰城坐落于索诺兰沙漠之北，处于美国西部盆地和山脉地形区域间。往东北大约 100 英里是科罗拉多高原，峡谷深邃有 1 英里高的悬涯，高山延绵。这里平均年降水量不足 8 英寸，它的旱地河盐河与铜河的河水来自科罗拉多高原的多水山区和区域间过渡区的集水区。高原集水区的水源养育了生命，使得史前文明和现代文明得以持续发展。1973 ~ 1993 年，亚利桑那州中部的工程完工，扩大了凤凰城的水力资源，一条长达 336 英里的运河把水从哈瓦苏湖城的科罗拉多河源源不断地运输到凤凰城和图森。凤凰城的地理位置在沙漠低地边缘，周围湿润高地较多，亚利桑那州中部的盐河与铜河集水区可以提供水源，科罗拉多河也可以提供水源。

凤凰城盆地大面积平原的地下蓄水层对早期的农业和

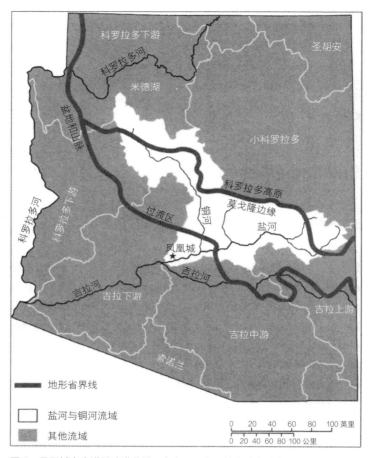

图3　凤凰城在索诺兰沙漠北端，在大面积潮湿的高地流域底部占据有利位置

后期的城市发展至关重要。盆地由低地连成片，低地沉积
来自盐河与铜河流域，沉积处流域陡度平缓，是早期霍霍
坎耕种和后期盎格鲁－欧洲人粮食生产的重要保证。沉积
规模大，水源深，透射率好，供给力大，但地下水补充力

相对较弱。冲积层储存的水资源在干旱期为表层水不稳定的峡谷提供了重要保证，使得凤凰城不同于阿尔布开克、阿尔帕索和拉斯韦加斯等地下水储存量相对较差的地区。在 20 世纪 40～60 年代中期，凤凰城地区气候干燥，也有幸得益于这些地下水源，即使今天，当美国西部持久剧烈地干旱时，饮用水同样来自这些水源。

冲积地堆集而成山脉：白潭山在西、布拉德肖山在西北、迷信山脉与马扎察尔山脉在东和东北、圣潭山脉在东南、谢尔艾斯特雷亚山脉在西南（图 4）。山泉把卵石和沙粒沉积成扇形，称作冲积扇。整个山谷裸露的岩床高低不平，形状特别，许多具有地区性特色，如匹斯特瓦峰、

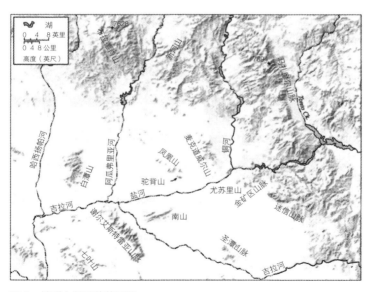

图 4 被群山包围的盐河谷

驼背山、白潭山南端、谢尔艾斯特雷亚山北端和尤苏里（Usury）山。冲积扇和岩床山的地理差异提供了建造新居的条件，但是冲积扇地势低，经常会遭受强烈的破坏性洪水，而岩床山非常稳定，不会被侵蚀。

史前霍霍坎文化

人类栖居于沙漠的故事开始于 2000 多年前的古代人——霍霍坎人（在皮马印第安语中意思是"消失的人"），他们的文明建立在盐河与铜河河谷的农业灌溉基础之上。大水时谷床形成的冲积平原是他们最初的耕地，后来复杂庞大的运河才引水到远处（图 5）。考古学家认为这样的冲积网需要庞大、复杂、精密的社会组织，先建运河，然后维护运河并进行水分配。[1] 开始时，短距离内运送相对小量的水，户与户之间的适当合作即可完成。但是之后，系统日趋规模化和复杂化，需要不同村庄的户家共同组织劳力修建和维护水力设施，规划水配给，解决用水引起的纠纷。在霍霍坎文明的高峰期（大约公元 1000 年），估计有耕田 11 万英亩，养活了大约 4 万人口。[2] 地区间的合作需要控制水源并在不稳定的环境下配给于大量人口，这是后期水政策和经济发展的重要模式。

霍霍坎文明高峰期的大普韦布洛（Pueblo Grande）文化公园遗址距离盐河不足 1 英里，水经过盐河配给到大运河（图 5）。大普韦布洛居民控制水流向下游的农田，

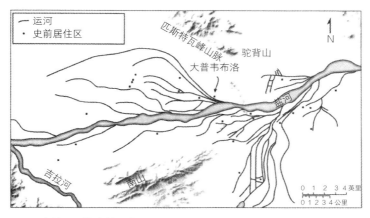

图 5　史前霍霍坎人基于灌溉运河和农业建立了复杂的文明

　　他们站在丘顶看着 10 多条运河把水运到远处的农田和村落。霍霍坎文明还体现在公共建筑上，建有球场，大村落中央建有舞台。公元 950～1150 年间，至少在 225 座球场进行比赛。到公元 1200 年，球场退出，球场的消失导致该地区定居体系的重建。环境压力越来越大，上游边缘地区越来越不适宜居住，人们迁徙到更具生产性且可以依赖的河边社区。[3]

　　霍霍坎文明最终消失于自然环境不稳定和人为破坏，削弱了养活人口的能力。[4] 霍霍坎人最终没有能够解决好自然环境的极端性。根据树轮记载，在 800～1075 年间，盐河与吉拉河还相对稳定，耕种地广袤。1250 年后，越来越不稳定的气候引发了一系列环境问题，降低了土地的承载能力。考古学家推测，农业生产下降是因为霍霍坎人过分耕种良田，扩展到边际区，减少休耕期，这些策略注定要削弱土壤生产的长期性和持续性。另外，他们可能还扩大了运河的水纳入量，结果在破坏性的水灾面前不堪一击，也可能由于过分使用土地而使其过盐化。不管原因是什么，霍霍坎在环境艰难时期，索取超过了沙漠维持生命的能力范围，到 1450 年彻底消失。现代的 Tohono O'odham，巴巴哥和皮马民族被认为是霍霍坎的后裔。其中许多人居住在铜河和印第安盐河区域，与现代凤凰城比邻而居。

废墟中的重生

在霍霍坎文明消失 400 年后，盐河与吉拉河山谷被欧裔殖民者重新发现，他们当时在寻找办法把农产品供应给位于现在凤凰城北部和西部的布拉德肖山金矿、银矿和麦克道威尔城堡。这个城堡是一个骑兵驿站，1865 年建于盐河和铜河的交汇处，以保护阿帕奇印第安人免受矿区的袭击。由于要塞需要马饲料，麦克道威尔堡的随军商贩，约翰·Y·T·史密斯，于 1866 年在盐河沿岸的坦佩西部建立了干草营。1867 年 11 月，杰克·司伟林参观了营地，他是前南部联邦军官，性格多疑，发现了史前遗址和霍霍坎运河系统并确定该地区有相当大的农业潜力。司伟林说服北边矿区威肯堡的支持者，资助建立了司伟林灌溉运河公司，如他们所说，之后的事成为了历史。司伟林带着物资和 16 位失业矿工回到凤凰城，挖掘部分霍霍坎运河，建设新运河，并与矿山和军队协商合同。"pumpkinville"社区诞生时，司伟林是第一个公民、第一任邮政局长、第一个和平司法者。到1879年时总占地面积已达2000英亩。司伟林有位股东是英国"领主"达雷尔·督帕，他是古典学者、探险家，也是酒鬼，意识到一种新农业文明将从满地黄沙的霍霍坎运河废墟升起。他说："一个崭新而美丽的城市将像凤凰一样从废墟中起飞，"于是新社区重新命名为凤凰。5

原城于1870年选址，围绕中央大道和华盛顿路，靠近山谷地理中心，地形平坦，当时还没有发现霍霍坎运河。一开始误认为是在盐河的冲积平原上，直到1891年的巨大洪水后，这个观点才得以纠正。威廉·A·汉考克在1871年春规划了320英亩的城市用地。整个城市宽1英里、深0.5英里，分划为98个街区和1200块地。街道命名遵循南部公约，主大道以第一任总统华盛顿命名，所有的东西向街道按照编年史顺序以美国总统命名。南北向街道定为原土著美洲居民：2街、3街、4街、5街、6街和7街以前分别是科帕、皮马、绢云母、Arivaipai，通托和阿帕奇，第二大道、第三大道、第四大道、第五大道、第六大道和第七大道以前分别是莫哈韦、巴巴哥、尤马、可可帕和花拉皮亚。这些街道名称后来被改变，反映了城市日益趋向盎格鲁－欧洲化。6

那时的盐河全年水量充沛。河道两旁有缓慢流动的湖泊和沼泽地。河流变数很大，低流量局面会被突发的、巨大的、浩荡的洪水打破，高流量时过河充满危险。19世纪

60 年代，爆发了一次洪水，另一位亚利桑那先驱受到了启发。他叫查尔斯·特朗贝尔·海登，在坦佩地区沿河岸建立了新居住点。海登是位商人，在图森拥有自己的货运公司。从图森到普雷斯科特附近的惠普尔堡时，海登试图在最窄处跨越盐河，就是现在的坦佩，但当时正发大水，他被奔腾的巧克力色盐河挡住了去路。这位"法官"或当时被尊称的"卡洛斯先生"，把货车停在附近的鱼形小山下宿营，自己走到山顶已经天亮。在以后的岁月里，他经常讲述躺在山顶幻想未来的故事。俯瞰河两岸像绿色丝带的植物，柳树、白杨树、皮马印第安人粮田，他看到水白白流淌过去。如果水可控制使用，金矿、旱地牧场、饲料进口都不算什么事，完全可以在沙漠建一个农业中心区。[7] 据说海登法官高呼："这个山谷会成为农业帝国。"[8] 入夜，海登徒步从孤峰下来，煮了他孤独的晚餐。第二天，河水平静了，他继续向普雷斯科特行进，但他勘察了坦佩孤峰下的土地。

查尔斯·特朗贝尔·海登于 1825 年出生于康涅狄格州的温莎，生在一个受过良好教育的有文化的新英格兰家庭。年轻时，他在康涅狄格州任教，受西部的召唤，先到印第安纳州任教，再到接近前沿的圣路易斯，西部的第一列火车和轮船就是从那里出发的。很快，23 岁的海登辞了职；他追求独立，到了圣菲小道（Santa Fe Trail）东部的终点密苏里，投资组建团队，购置货车和货物，向圣菲出发。最后，他搬到图森，建立了贸易与货运公司。内战爆发时，他在图森；1863 年亚利桑那州开辟领土时，他在图森。海登与"图森环"竞争，"图森环"是一支贸易团队，专营军队供给，收取高昂费用，这次竞争被认为表明他愿意在不发达的北部盐河流域重新创业。[9]

海登法官得知杰克·司伟林的运河船员挖掘的凤凰城河流北部是他越过坦佩时的下游地区。1870年11月他返回山谷，很快开设了磨坊部，建在坦佩峰山下。后来他盘结了图森的事务，搬到坦佩，开了一家铁匠铺和杂货店。1874年磨坊开业，他还建了钢索渡口，规范了渡河。海登商品售出对象是偶尔到访的旅行者和该地区开挖运河的工人。从渡口到磨坊和商业区的主路被称为米尔路。肉类加工厂、商店、仓库、房产、农场和学校随之建立，最终实现了海登的梦想，即沙漠的新居住地使用盐河水。1876年，他带新娘萨莉·卡尔弗特·戴维斯住到乡村小社区，新娘具有新英格兰文化背景，曾在加利福尼亚的维塞利亚任教。进沙漠的第一年，萨莉生下了卡尔·海登，小海登在1912年亚利桑那建州时成为亚利桑那州唯一的代表。后来当选美国参议员，成为凤凰城发展的主要助推器。坦佩的名字归功于为凤凰城取名的督帕领主。河流南部山峰环绕的小农业社区会让人联想起希腊神话中的坦佩河谷图。

大规模的农业发展和运河建设时代由此开始。运河公司由加利福尼亚和东部投资者合股组建，他们看到了控制销售土地和水源的潜在利润。盐河谷运河后来更名为"司伟林谷"。马里科帕运河开凿于1873年；大运河扩建于1878年，从1880年一直扩建到1882年。亚利桑那州运河于 1883 年开建，1885 年建成，是第一条不同于霍霍坎模式的运河，长约 47 英里，是凤凰地区最长的运河。[10] 由于当时的技术有限，运河建设和后期挖掘严重依赖人力。到 1900 年，10 家私营运河企业灌溉 11.3 万英亩土地。[11] 由此，该地区的人口从 1880 年的 5700 人增长到 1890 年的 11000 人和 1900 年的 20500 人。[12]

运河建设和农业发展改造了当地的植被。石炭酸灌木和白刺果鼠尾草是北美最耐旱的植物，属低矮灌木，自然状态下生长于本地区。假紫荆仙人掌是另一种本地植被群，包括假紫荆树、巨型仙人掌、多刺仙人掌、桶仙人掌、仙人球和刺猬仙人掌，与石炭酸灌木和刺果鼠尾草一起生长。[13] 牧豆树沿着大河生长，盐河两岸有林立的白杨、柳树、灌木和忽隐忽现的沼泽地。河床野草丛生。[14] 欧裔农民 19 世纪末到达这里，原生植被为农田、果园和柑橘林所取代。1895 年一个叫珍妮·迈克尔斯的小女孩描述了她从凤凰坦佩去巴巴哥公园的岩石洞路上所遇到的景观和植物。

8 个女孩组成团队早早出发，7 点在坦佩路集合。所有人都是骑马高手。他们四人一排，稳步慢跑；通过牧场主种满苜蓿的幸福家园；在亚利桑那瀑布停顿片刻（沿亚利桑那运河的一个瀑布），欣赏闪烁飞溅、轰鸣俯冲的流水；可爱的眼睛望着阳光把"橘园"变成了金灿灿的花园。现在，她们向上爬了爬，灌木、鼠尾草和"岩石"便接二连三地出现在眼前。[15]

第2章

运河建设进一步改变了景观，水自然流出河岸，更均匀地覆盖河谷景区。在主河岸、支流、沟渠进行植树得到鼓励，白杨树、桉树、白蜡树和牧豆树郁郁葱葱如一张大网遮住了阳光，沙漠免受暴晒。世纪之交，运河沿岸成为大众喜爱的公共空间，人们可以游泳、沐浴、野餐、洗涤、划船、钓鱼甚至滑水。婚礼、洗礼和当地舞蹈均沿河举行（图6）。空调出现之前，人们很喜欢在河岸睡觉，农村地区更是如此。许多农民使用运河两旁的道路搬运设施，从一地搬到另地，河岸成为参照点。[16]

穿越大陆的铁路促进了农业潜能的发挥，促进了运河建设和环境改造。1887年，马里科帕－凤凰铁路线连接了凤凰和凤凰以南26英里的南太平洋，1895年凤凰城在

图6　早期凤凰城人沿灌溉渠居住。盐河项目研究档案提供

北边阿什福克（Ash Fork）建立第二条穿越大陆的铁路，连接了爱金森、托皮卡、圣达菲。铁路使当地农民舍弃了军工和矿业市场，大规模转向商业化农业经济，实现经济多样化。中西部和西部的大市场支持新农业：柑橘、乳业、畜牧业、饲养场、水果和蔬菜。洛杉矶是洲际铁路的西终点，取代了旧金山曾经是盐河谷主要批发中心的地位，满足转型后的需求。[17] 铁路的运营，使沙漠居民可以进口建材，崎岖的边缘住宅由此转变为现代的美国小镇。

建造现代水利工程

19世纪末，当局认识到人口和经济持续增长需要更稳定的水供应做支撑。盐河流量变化大，枯水期和大洪水一直交替出现。1891年，洪水肆虐穿过农耕区中心地带，破坏了上游的运河灌溉。一位当地居民说："巧克力色的洪流一路愤怒咆哮，面目狰狞，摧毁了沿途的一切。"[18] 沙漠特性是雨量变化无常，洪水过后是1898年到1904年之间的严重干旱，损失了上千万亩农作物。许多人搬走了。男人提着步枪沿运河巡逻，确保人们离开时没有多带宝贵的水。[19] 但灾难性的环境促使人们在上游成功地建造了洪水坝，从此供水稳定，免遭水灾。直接效果是农业经济得到繁荣，长期效果是水利基础设施得到发展、防洪能力得到提升、人力机构优化、城市规模化。

早在1889年就曾讨论在上游建大坝解决流域问题。

马里科帕县监事会任命了一个特别委员会，他们在凤凰城以东 80 英里的通托盆地（Tonto Basin）的盐河流域发现了一个合适的坝址。这事搁置了几年，经过 1890 年的旱涝才有了回应。总统西奥多·罗斯福支持当地的这项工作，1902 年通过《美国复垦法案》，批准西部州用出售公共土地获得的资金进行工程改造。[20] 乔治·H·麦克斯威尔是全国复垦协会主席，他和地质调查局的亚瑟·P·戴维斯急于快速实施此方案，他们到凤凰城说服当地官员，《美国复垦法案》才是解决水危机的办法。在 1902 年秋季组成蓄水委员会，起草了水用户协会章程。当地的土地拥有者对盐河流域水用户协会很关键，他们的土地将作为联邦贷款建造大坝的抵押物。交易时，土地拥有者们根据面积计算水权。该项目进行得并不顺利，一向自由独立的土地拥有者们担心这个尝试是用低等水权夺走他们真正的水权。他们也反对《美国复垦法案》设定 160 英亩的土地限制。

尽管存在分歧，但在 1903 年夏，土地拥有者签约获得的贷款已经足够开始大坝规划和建设。1902 年联邦立法的捍卫者创造了当时世界上最大的人工湖，由此出了名。大坝命名为罗斯福大坝，于 1911 年 2 月彻底完工，罗斯福总统日亲自出席了 1911 年 3 月 18 日举行的大坝落成仪式，他在讲话中说，亚利桑那州中部的绿洲"未来会更美好"。[21]大坝灌溉系统由复垦服务部负责，盐河谷水用户协会协助，现在叫作盐河项目。后来又在盐河地区建了三个水坝，佛得建了两个，罗斯福大坝的蓄水和防洪能力得到了极大的增强。盐河项目服务区成立约 100 年了，土地做了罗斯福水坝贷款的抵押。土地拥有者们承诺每年资助联邦政府补偿大坝建设的成本。

运河一直是公众聚集场所，人们在沙漠中感受到水的舒爽和水对人类生活的重要性。特别值得记住的是亚利桑那瀑布，它位于第五十六街和第五十七街之间的印第安学校路口，有 20 英尺落差。1884 年建立亚利桑那运河时，工人们在驼背山南麓遇到一块硬石灰岩，称为石灰岩钙质。他们没有试图把它移走，而是引水漫过岩石，15～20 英尺的瀑布就此形成。瀑布很受欢迎，人们在这里野餐、游泳、钓鱼、赏景。1902 年建造了水力发电厂，1911 年拆除后重建了一个大的。[22] 几乎同时，威廉·约翰·墨菲紧挨着瀑布沿亚利桑那运河建造了西英格假日酒店，酒店客人经常在发电厂落水平台处跳舞。2003 年凤凰艺术委员会与盐河项目合作重新整体开发运河、沙漠水和旅游休闲。发电机现在成了户外饮水机，与沙漠、岩石一起隐藏在瀑布流水中，原来的发电厂变成舞蹈场地。

罗斯福大坝稳定了水供应，促进了农业的专业化发展，如种植柑橘和棉花，也促进了区域内其他形式的发展。第一次世界大战时，这里的经济异常繁荣。当时国防需要大量棉花，因为轮胎和飞机需要长纤维。国防承包商失去了进口资源，转而向国内寻求，盐河谷就是理想的棉花种植地。俄亥俄州阿克伦的好年景轮胎公司从盐河谷种植者手中买了棉花，到西山谷买了土地，建成好年景利奇菲尔德国家公园（保罗·W·利奇菲尔德是好年景的总裁）。土地价格飞涨，人们大胆预测棉花价格也将涨到每磅 1.50 美元，于是大多数农民改种棉花。不幸的是，战后企业破产和经济萧条接踵而至，棉花的繁荣昙花一现。当地农民最终不得不适应农业市场的不确定性，依靠增加农作物生产品种恢复经济。[23]

当时的传统知识和医疗水平认为干燥有利于治疗肺结核。这吸引了一些早期最杰出的企业家。德尔波特·韦伯、弗兰克·劳埃德·赖特和德怀特·赫德都接受医生的建议，为了健康迁居凤凰城。凤凰城享誉全美，有"肺病的麦加圣地"之称。富人住医院、建私宅，穷人住帐篷、搭棚屋，就在亚利桑那运河北部、凤凰山南麓叫太阳坡的地方。太阳坡社区是退休建筑师 W·R·诺顿给取的名，一次他女儿看到清晨太阳照射时赞叹："多么漂亮的太阳坡！"便有了太阳坡的叫法。太阳坡的微气候条件很有利，高度从谷底向山周围缓缓增加，具有去燥的作用。白天吹西风（向坡上吹，逆盐河航道），傍晚和一大早吹东风（顺坡下，沿山谷而下）。白天，向坡上流动的暖空气携带了水分。晚上，海拔越高的空气冷却的越快，冷空气和密度高的空气向坡下流动。1921 年，《每月天气评论》得出这样的结论："毫无疑问，有些山坡生长季节比凤凰城多出一个月"，并建议"追求健康者和老年人"住在山坡上，

那里的平均温度比谷床低 6 ~ 10℃，一天最冷的时候差得最多。清晨冷意消失后高温袭来。山坡日温差大，早

晨寒冷，中午阳光充足，沙滩温暖，这里的冬季气候最理想，最具有治疗功能。[24]

到了 20 世纪 20 年代，太阳坡已经发展成一个小型社区，到处居住着淘金者、自耕农、养蜂人、作家、音乐人以及追求健康者。退休速记员伊丽莎白·比蒂和她妹妹玛格丽特·科利集资为太阳坡的穷人和病人提供卫生保健和社会服务。当地有个妇女组织为太阳坡健康营卧床不起的居民提供火鸡晚餐，圣诞节期间提供装满家制蜡烛、糖果和爆米花的彩色鞋盒做的礼盒。1927 年，牧师约瑟夫·希尔豪斯建立了太阳坡沙漠医务所为病人服务。希尔豪斯通过无数次给全国各地的朋友和熟人写信，集资建立了永久教堂和医疗诊所。1931 年，百万富翁兼慈善家约翰·C·林肯和他妻子海伦在凤凰城过冬，当时海伦健康状况不佳，几年后，他们出资 2000 美元购买了一块地，最终成为约翰·C·林肯医院。

城市支持者开始担心这样会引来太多病患，于是凤凰城的宣传语不再是疗养之地，而变成健康有钱人的游乐场。到 1913 年，估计每年冬季有 3000 名游客。[25] 时尚的西英格假日酒店建在凤凰城和斯科茨代尔之间，于 1910 年开业。1913 年在凤凰城市中心建起新亚当斯酒店，在钱德勒建起圣马科斯大厦。大萧条早期，旅游业有所下降。但由于第二次世界大战，东部富人停止去欧洲度假，他们转而在国内旅游，凤凰城旅游业得到回升。

日益风靡的航空旅行使凤凰城比以前更热闹。第一次世界大战后，军队和地方支持者鼓励发展机场，在圣安东尼奥和圣地亚哥之间开通航空路线。[26] 1925 年凤凰市机场建在城西北 6 英里处。1928 年，芝加哥和凤凰城的投资者投资风景航空公司，促进中西部旅游业，他们购买了市中心机场以东 2 英里的土地，建成天空港（Sky Harbor）并在 1929 年的劳动节开业。之所以被命名"天空港"，是要表明凤凰城的未来展望和空中旅行对偏僻的沙漠绿洲意义深远。凤凰城当时永远不可能像沿海大城市一样有海港，但会"拥有接收空中船舶设施的天空港"。[27] 由于 1929 年的股票市场崩溃及后续影响，风景航空公司在 1930 年把机场卖给爱可米投资公司，该公司很快下转投资，1935 年凤凰城收购了天空港。1936 年工程项目管理（WPA）的新交易资金资助修建了 4500 英尺的新跑道、新行政大楼、气象观测塔、新吊架和机场内外的道路。[28] 很明显，航空旅行对凤凰城的未来发展至关重要，而天空港在这个过程中起到了重要作用。

也就在这一时期，规划了社会地理环境。最昂贵的名宅建在市中心以北，那里柑橘园香气袭人，凤凰山和驼背山景色秀丽，夏日山风凉爽。凤凰城东部地区因为有"精神病院"限制了发展。现在的亚利桑那州立医院位于 24 街和范布伦路之间，西边是制造厂和仓库。盐河以南地区因海拔低，容易遭洪水侵袭，最不利于扩建居民区，[29] 而凤凰城的非洲裔美国人和西班牙人社区都恰巧集中于此。

20 世纪 20 年代，盐河项目（SRP）在盐河建了三个大坝储水和水力发电，但大萧条时期粮食的低价格给当地农民造成了损失，即使有水力发电的水补贴，许多人还是难以支付所欠盐河项目和联邦政府的债。由于持续的经济萧条，盐河项目很难得到地方债券支付融资修建更多水坝，于是被迫从非营利的私人协会变为州政府机构，重新资助债券支付，提供免税、降低利率债务服务。

另外不可忽视的是技术发展，它征服了城市夏季的酷热。晴朗时，沙漠空气干燥，白天升温快，6月、7月、8月平均温度达到105°F（40.5℃）。虽然晚上沙漠表面冷却得快，可7月还是会热到81°F（27℃）。早期移民睡在露天或在门廊挂湿床单产生蒸气以减轻酷热之苦。到20世纪30年代中期，这个最基础的方法演变成较为复杂的蒸发冷却系统，人们用电扇对着透湿垫或透湿幕吹，给干燥空气添加水分。蒸发冷却器通过增加蒸发量可降低20～40°F。1936年凤凰城开始批量生产蒸发冷却器，很快便有五大厂商加入，年收入1500万美元。到20世纪50年代初期，凤凰城地区90%的家庭采用蒸发冷却，该技术成为凤凰城和西南部地区文化环境遗产的一大特色。[30]

20世纪30年代末，凤凰城仍是小区域型服务中心，中心地带农业繁荣。但大规模城市化已经储备到位，如水供应稳定、土地肥沃、领导积极进取、旅游修养日益闻名、沙漠酷暑逐渐解决，周围农业定居点有组织地郊区化。

国防与战后繁荣

　　第二次世界大战开始时，凤凰城再次因其强大的自然资源成为军事设施和国防工业基地。凤凰城的年平均日照率为 85%，与之相比，阿尔伯克基、洛杉矶、丹佛、纽约、芝加哥和西雅图分别为 76%、73%、70%、59%、54% 和 46%。[31] 年平均降水量略不足 8 英寸，但 80% 的时间低于 10 英寸。微风习习、地势平坦，适合飞行训练和军事作业。此外，由于地处内陆，可以免遭来自外国的攻击。1941 年，卢克和威廉姆斯机场开航。到战争结束时，卢克成为世界最大的飞行训练学校。其他设施包括格伦戴尔北部的雷鸟场（后来的国际商务雷鸟学校）、斯科茨代尔北部的雷鸟场 II（后来的斯科茨代尔市机场）和里奇菲尔德海军航空设施。好恩营地和海德营地两个陆军基地也建在凤凰城。在 1943 年战事高峰期，30000 多名官兵驻扎在海德营地，每天多达 15 列军车出入凤凰城。[32]

　　战争年代的沙漠城市很繁忙。除了军事人员，成千上万的男男女女搬到凤凰城，在军工企业工作。由于潜在空袭的危险，国防承包人分散转移军工企业到内陆。埃里森钢铁公司自 20 世纪 20 年代开始在凤凰城经营，战时开始生产军用便携式桥梁。1941 年，好景航空公司在利奇菲尔德公园开始生产飞机零部件和气球，到 1943 年雇用了 7500 名工人。另有 3500 人在位于 35 街和范布伦路的铝业铝型材厂工作。加勒特航空建造公司是位于天空港机场南面的飞机配件厂，战争高峰时雇用了 2700 名工人。[33]
新来的工人和不断增加的经济活动使住房和城市服务日趋
紧张。1942 年，凤凰城战时住房委员会登记所有的住宅
区，呼吁当地居民把多余的房间提供给服务于战争的工
人。但是，努力无果，严重的住房短缺困扰着战争年代
的城市。[34]

1945 年战争结束时，凤凰城的规模和性质都发生了
彻底变化。有的军用工厂暂时关闭，但迅速被私企再次开
张。许多曾在凤凰城训练的军人和妇女带着家人返回，在
新的相关国防企业工作，开始了新的生活。城市支持者
积极活动，吸引电子制造商并建立了工业基地。1948 年，
当地商会成立了工业部，宣传凤凰城的优势。他们将凤凰
城定位为"区域战略中点"，因为它拥有地理优势，位于
南加利福尼亚飞机制造厂和新墨西哥州原子试验场之间。
面对冷战威胁，联邦政府希望能分散生产基地，凤凰城战
时的生产记录成为重要卖点。1950 年 3 月，无线电和电
子配件的主要制造商摩托罗拉在托马斯路和印第安学校之
间的 56 街开设了第一家占地 14 英亩的工厂，到 1968 年
又建了三个。[35] 1955 年，城市支持者努力完成亚利桑那州
宪法保障就业修正案，之后，斯佩里·兰德立刻宣布迁入凤
凰城。[36] 1948 ~ 1960 年间，凤凰城 300 个新制造厂开始
运作。制造业取代农业成为该地区的主导产业，凤凰城居
民从 1940 年的 65000 人激增到 1960 年的 439000 人。

空调的发明和广泛应用舒缓了凤凰城的沙漠生活。商

业化制冷技术在 20 世纪初应用于工业，后来扩展到电影院。1928～1940 年完善了住宅窗技术，但萧条时期和战时的消费品配给短缺严重限制了该技术的使用。许多地方直接抵制人造空气密封窗，而首选较传统的冷却方式，如晚上游泳、海滩上滑水、公园散步或者坐在门廊或阳台上乘凉。战争结束后，凤凰城是全国第一批拥有制冷技术的地方，人工冷却传统在 20 世纪 30 年代和 40 年代初已经随着沼泽冷却器而形成。[37] 许多凤凰城人抛弃更节能的蒸发冷却器而青睐制冷，当然有些人至今在 5 月、6 月湿度低时延用沼泽冷却器。当 7 月和 8 月风向转变，墨西哥湾吹到亚利桑那中部的风带来了更多水分，湿度高时转用制冷，当地称之为亚利桑那季风季节。

为满足战后城市蓬勃发展带来的人口住房需求，很快就出现了本土产业。凤凰城的莱维敦工程由约翰·F·隆设计。隆的父母是德国移民，他是第一个孩子，1910 年来到河谷。他起家于家庭农场，从小就学会了自食其力。从格兰戴尔高中毕业后，大萧条还未结束，他乘火车外出打工，然后参军成为二战中的发动机机械工。战后他回到凤凰城地区，娶了高中恋人玛丽·托尔玛科芙。1947 年，隆和玛丽用 GI 贷款为自己盖房，并向岳父借了盖房工具。入住之前，他们获得了 8400 美元的资助，除去所有开销还剩 4000 多美元。他们认真考虑后，用这笔钱进行再投资，建了更多住房。玛丽本准备三年后再建自己的家，可没想到隆的家园公司生意兴隆。[38]

1949 年隆开了第一家分公司，采用大规模生产的技术降低盖房成本。技术均来自他铺设管道、安装电气系统和浇注水泥的亲身实践。他第一个使用屋顶桁架，开发占用人行道的设备，设计塑料管道。他创新了组合墙段、模块化浴室和橱柜定制。对于每个岗位，每一种工具和每一位工人都专门配备，以保证完整工效，使每一美元的价值最大化。预先切割建筑材料运到工地，快速装配。1954 年，隆开始在城西侧 2000 英亩的灌溉农场建设第一个总体规划社区。他以妻子的名字将之取名为玛丽韦尔。年轻开发商的生产方法效率高，为当时需要住房的家庭提供了经济适用房。隆的第一次公展被称为"地球上最伟大的家庭展"，一套 3 卧 2 卫的房子定价为 7950 美元；带家庭游泳池的则定价为 9800 美元。

约翰·F·隆不仅在社区规划建设方面走在前头，营销也领先。新居家博览会吸引了几十位潜在购房者。打出的广告是房价从 7950 美元起，低首期付款，优质保证。宣传为具有狂欢节气氛的"未来世界"，专为购买首套住房的年轻家庭设计。广播电视广告和报纸广告马上给予关注，更多购房者来到隆的房展。隆的房展特意为客户的孩子配备了保姆，"购房顾问"是漂亮的年轻女性，见多识广，带客户参观样板房。在大人享受茶点和参观样板房的时候，孩子们玩小丑、气球和各种游戏。

除了展示技巧，隆还准备了适合美国年轻家庭的住房。他们在战争年代做出牺牲，经历过物质匮乏，对奢侈品充

第2章

满了渴望。隆建造的房子有永久性的内置设施，供应商都是像通用电气这样受人尊敬的公司。房子配置了丰富多彩的浴室和卷门车库。街道、公园、学校、购物中心医院都经过详细规划。玛丽韦尔是理想家庭社区的缩影。隆每周可出售 125 套住房。[39]

为了确保在市区内继续玛丽韦尔式开发，1950 年后凤凰城积极开展合作项目。城市全面开发中缺乏历史文化中心，这很容易导致向外发展，把城市的未来断送在郊区化手中，这种情况在许多发达城区随处可见。为了保证城市北部的发展走廊，土地面积从 1950 年相对紧凑的 17 平方英里增加至 10 年后的 190 平方英里。这 10 年间，其他古老的大城市在衰退，凤凰城人口却翻了 4 倍，土地面积增长了 11 倍。[40] 最终，新增长的能力和为与郊区竞争而增加的诱惑力导致了凤凰城的身份危机。即使在今天，城市都难以把自己和周边郊区区分开来，难以定义市区为心理上的主要中心。在人们眼里，凤凰城已是超级郊区，而不是具有独特西南风格的城市。[41]

到 20 世纪 50 年代，凤凰城已成为美国介于洛杉矶和达拉斯堡之间人口最多的工业中心。天空港是美国最繁忙的机场之一，有五个国家航空公司入住。当地历史学家爱德华·H·佩普洛在《亚利桑那高速路》1947 年 4 月期撰文说，凤凰城是世界都市景点、繁荣的工业中心、生产农业区、宜人的度假胜地，同时不乏西南风情。[42] 人口大量迁入、战后工业发展、社区规划、空调生产、现代美国生活的所有诱惑，使得凤凰城越来越难以维持西南魅力的品质。

随着经济增长和日趋现代化，城市与沙漠位置的关系变得越来越脆弱。为了节约用水，盐河项目沿运河垒砌混凝土，阻止人们靠近河岸，确保公共安全。运河不再渗水，河岸的树无法生存，50000多棵树被移走。意想不到的是运河管理和周围环境得到了改善，从半公共设置变成公共设置，人们在沙漠上带水去到贫瘠实用的禁止公众进入的空间。[43] 在追求现代、效率和增长过程中，凤凰城失去了与水的联系，而水对在沙漠中维系生命非常重要。

退休移民

流域环境改造伴随着重大的社会转型，引发了退休社区的开发。全国首个退休社区由凤凰城房地产企业家本·施莱费倾情打造，施莱费是来自纽约的俄罗斯移民。"大本"在罗切斯特拜访一位老年朋友的时候，被美国老年人生活无助的状况震撼了，他们失去生命，失去独立，精神破碎。1947年，本搬到亚利桑那州治疗严重的哮喘病，着手为退休者建立追求休闲活动的地方，如保龄球、跳舞、游泳和宾果游戏，远离喧嚣的大城市生活，免去儿孙的负担。1954年，他买下格里尔牧场——凤凰城西北一个320英亩大的牧场，成立了青年镇，意思是"让老年人不觉得自己老。"[44] 他鼓励青年镇居民建立俱乐部和自己的组织，他们做到了。青年镇演员团（一个剧团）、女士周二晚夜总会和周六晚歌舞俱乐部都是青年镇最早的组织。蓝领退休社区居民在人工湖钓鱼、打沙球和聚餐。实际上是他率先提出主动退休的概念。有人问：什么是青年镇？一位居民回答："这是人们让孤独死亡、而不是死于孤独的地方。"[45]

施莱费的主动退休概念是远离任何儿孙亲情，为此青年镇家庭进行了行为限制，要求每个家庭成员有一位需在60岁以上，禁止18岁以下的孩子。居民都为施莱费的主动退休新概念所吸引，来自不同的州。[46] 一位早期居民曾说是在迁移逃跑，她讲述了为什么要搬到凤凰城青年镇：

"你怎么来到这里来？"我的孙子们。"哦，你想离他们近点吗？"不，我想离他们远一点。我养育了8个孩子，我不打算再抚养22个孙子。[47]

青年镇的成功表明主动退休市场项目切实可行，这鼓励德尔波特·韦伯开发了太阳城毗邻青年镇的20000英亩苜蓿和棉花田。民众并非很能吃透主动退休的理念，德尔波特·韦伯公司组建了城市土地研究专家小组，他们给出的定义是"老年人要和家人一起，不是都聚在孤立的社区。"[48] 1960年1月的一个周末开张时，10万多人挤满太阳城销售办事处，参观样板房；共售出237套。媒体头版报道了太阳城。鲍勃·康西丁是全国知名的纽约专栏作家，为太阳城撰写文章，登载在全国各地数百种报纸上。在《芝加哥论坛》《旧金山纪事报》和《洛杉矶时报》登出之后，太阳城的许多首批居民是已经在凤凰城过冬的退休人，但不久，全国各地的退休人员在他们医生的办公室和家乡的报纸上读到了太阳城。喜剧演员鲍勃·霍普来到太阳城打高尔夫，《罗恩马蒂尼喜剧》模仿了老人积极的新生活方式。[49]

在太阳城，德尔·韦伯销售的是一种生活方式，积极休闲，与同龄人社交，远离城市。在太阳城的新生活中，人们很惊讶地发现邻居来自各行各业，其中不乏百万富翁。但这里不看你过去是什么或做过什么或多有钱，而主要看未来你会怎样。太阳城的第一代拓荒者包括医生、牙医、按摩师、律师、商人制造家、退役军官、政府高管、银行家、公司总裁、农场主、农民承包人、木匠和建筑工人。他们的共同之处是寻找陪伴和活动，寻找新地方的新生活。

太阳城原来最简陋的养老平房被新居民迅速增建遮蔽天井、车库、游泳池。大面积、风格豪华的山顶住宅需求量越来越大。1970年，买房可以有多种选择，单户住宅、联排别墅、花园式住宅、别墅、公寓、木屋、庭院住宅以及农场庄园。今天太阳城的社会阶层和收入结构体现了这一演变。更朴素的人住在老街区的平房里，更富裕的人住在新社区。[50]

20世纪70年代末，原太阳城居民规模约40000人，邻近的西太阳城建设目标为28000人。西太阳城在20世纪90年代末完成，之后大太阳城开工。说到土生土长的本地市场，太阳城没有本土社区。德尔·韦伯在全国性报纸积极宣传太阳城（特别是在中西部地区），并提出"假期特价"概念。广告语在全国报纸、杂志、电视和广播电台登出："在美丽太阳城的可爱公寓享受美好假期。享受度假生活，参观样板房，享受完全装有空调的公寓。客户活动免费，包括两场免费高尔夫。"这些假期特价广告在全国传播太阳城的形象，获得巨大成功，吸引游客接受了太阳城的生活方式。

中亚利桑那工程

太阳城、青年镇、玛丽韦尔社区以及该地区其他新社区的发展都需要新水源。中亚利桑那工程（CAP）建于1973年和1993年之间，引科罗拉多河水到凤凰城和图森。考察科罗拉多河的想法其实很早就开始了。1922年，与科罗拉多河接壤的各州同意联邦政府的水管理计划，称为《科罗拉多河流协议》。1928年，国会每年拨给亚利桑那州280万亩尺（一亩尺等于325851加仑，估计是四口人家庭一年使用的量），远远超过当时该州可能使用的量，但被认为对未来增长很重要。为充分利用其分配额，并防止饥渴贪婪的南加利福尼亚人的超额使用，亚利桑那州开始寻找把科罗拉多河水引到中部的方法。

1968年，在亚利桑那州国会代表团的请求下，国会准许林登·约翰逊总统签署法案，批准修建从科罗拉多河到亚利桑那中部的水渠。中亚利桑那工程始建于1973年，1985年第一次抽引科罗拉多河河水。中亚利桑那工程每年提供1.5亩尺的水，成为当时以及未来人口增长的关键水源。当然，问题是《科罗拉多河流协议》依赖的是科罗拉多河，而科罗拉多河每年的实际流量不足 1640 万亩尺。此外，内华达州和加利福尼亚州位于较低盆地，比亚利桑那州条件优先，水源不足时配额将首先在那里被削减。亚利桑那州同意这项规定，以换取联邦政府授权 CAP。在一系列的法律案例和国会法案中，该州的 13 个印第安人部落声明要优先用水，此诉讼正得到解决，这几乎占科罗拉多河水在该州份额的一半，对大凤凰城的发展非常关键。

环境挑战

随着战后人口的增长，出现了新一轮的环境挑战。沙漠自身明显难以承受一个 360 万人口的城市。干旱是长期问题，洪水多年没有出现，却在大规模城市化中突然爆发。这种情况就发生在 20 世纪 70 年代末，当时洪水肆虐。战后城市化正好赶上异常干旱期：1942～1965 年间，盐河河床干涸到了无可奈何的地步。新移民从未见识过沙漠洪水泛滥，老居民忘了河水史诗般的力量。人们在洪水出现的平原、河道随处建房。城市在河床修建道路，避免了架桥的昂贵成本。空河道被挖掘出沙石坑，洪水冲积平原用于新机场跑道、停车场和农业区。1965 年，一场中等规模的洪水敲响警钟，但人们却没在意。尽管当时交通中断，造成房屋和财产损失，但个人和社区都只简单地进行了重建，显然低估了洪水的风险。

两只怪物般的风暴在 1978 年淹没了这个天真的景观之地。3 月份，大雨溢满流域，一股激流穿过凤凰城中心地带。三人直接死于风暴，一位女士在当地的街道等待过河时被汽车尾气窒息。在近 150 万人的大都市中仅有三座南北桥，城市陷于经济瘫痪。工人无法到岗，企业与客户失去联系。几家公司租用直升机接送工人上下班；许多工人暂住在河"右岸"的同事家。铁路客运服务临时启运，乘坐海蒂·B 火车过河，该火车以州长布鲁斯·巴比特的妻子命名。凤凰城人忘不了沙漠城被间歇性洪水河劈开，就此日常生活突然被打乱、财产受到巨大损失。

　　打击最沉重的是艾伦维尔社区——位于西边的一个封闭社区，住着 51 户居民，是 1940 年由约翰·艾伦为黑人农场工人而建的，由于肤色偏黑，他们无法住进附近的俄亥俄城镇。[51] 艾伦维尔社区建在河道上，承受了洪水的全面冲击。洪水涨了，居民被疏散，房子严重受损。他们发誓要返回家园，紧密团结的社区重建了家园。可造物弄人，就在居民返回家园的 1978 年 12 月，该社区再次被暴雨淹没。山上的积水造成严重的地表径流，之前被暴雨淹没的土壤发生了严重水灾。所有熟悉的疏散演习成为现实。这时，艾伦维尔社区的居民和当地政府官员承认在同一灾害易发区重建是愚蠢的。美国陆军工程兵团在当地的办事处为全镇重新选址，选定俄亥俄西北 8 英里处的一块国有土地，随之成立了霍普维尔新社区。

　　经过几次水灾，工程方案的洪水灾害风险降低。城市居民不愿意日常生活再被破坏，建立大型桥梁，疏导盐河低道，以预防最极端的自然灾害。盐河堤坝共 53 英里长，其中花岗石礁石坝到与铜河汇合处的 19 英里得到保护。[52]

针对沙漠气候的多变性，人们开创性地制定了应对措施，其成果是斯科茨代尔的印第安弯流，具体措施是因地制宜，适应环境的不确定性。沙漠洪水一来就把斯科茨代尔冲成两半，北部凤凰和麦克道威尔山的山流顺道流入城南的盐河。印第安弯流呈宽带状，渠浅坝小，通常无法容纳高强度的降雨径流。[53] 风暴来临时，水会漫进周围居民区，儿童无法上学，急诊医疗服务中断。即使在旱期也无益，弯流长满杂草和灌木，严重剥蚀。当地居民在此猎兔，称其为"泥坑"。[54]

人们不住在弯流时洪水并不危险，但 1970 年斯科茨代尔发展迅速，60% 的洪泛平原被开发。斯科茨代尔居民呼吁解决方案，寻求州国会代表团的帮助。国会指令当地陆军兵团工程师提供解决方案。1961 年，兵团提出用混凝土加固从亚利桑那运河到盐河的 7 英里水域，挖掘一条 125 英尺宽、25 英尺深的通渠。斯科茨代尔居民反对此方案，担心它会与洛杉矶河一样崩溃，当时洛杉矶建了一条影响市容的混凝土水渠穿过市中心。在 1965 年，公民否决了为渠道发行的债券。有一个公民团体建议把水域变成绿地，加建高尔夫球场、训练场、游乐场、远足和骑马小径。这会拦截发源于麦克道威尔山的洪水，疏通后进入盐河 4.5 英里的下游。泄洪道 800～1200 英尺宽，5～8

英尺深，两旁设计土堤可抵挡百年一遇的洪水流量。绿道包括公园、高尔夫球场、游乐场和步道，能承受奔流一天的洪水，次日就可恢复娱乐使用（图7）。马里科帕县防

图7　斯科茨代尔的印第安弯流设计为娱乐（上图）和防洪（下图）。作者摄

汛区批准所需用土，兵团工程师同意建立洪水控制枢纽并支付修建娱乐项目的一半费用。斯科茨代尔承诺支付另一半，建立一系列东西向桥梁，应对百年一遇的洪灾。[55]

项目计划开启，斯科茨代尔为项目进行众筹，这时70年一遇的洪水在1972年6月袭击了该地区。亚利桑那运河洪水泛滥，损坏了房屋和当地度假胜地，可以看到客人的行李箱在停车场漂浮。印第安弯流和64街之间的区域被淹没，相邻的17户低收入雅基族印第安人无家可归，其中一人被淹死。市民们无法上班，许多人失去了联系，急救医疗服务中断，孩子们不能上学。1973年4月，斯科茨代尔居民以压倒性多数同意了1000万美元的债券发行，支持洪水控制率达到7∶1。到1975年，大部分的娱乐项目到位，犹如一座座桥梁。20世纪80年代中期，防洪功能完善。[56]印第安弯流今天成为跨州合作、创新城市设计和有效控洪的典范。曾经让斯科茨代尔费心的顽疾如今变成社区集中使用的公共空间。负面影响主要是湾流繁茂的绿叶不能传达沙漠感，且浇水量大。

该地区地下水层的开采是第二个环境威胁。盐河项目在20世纪初完成了运河堤坝管道系统，该系统支撑了繁荣的农业社会和战后发展，到20世纪中期出现危机。1955年之前，大部分地区的城市增长发生在SRP服务区域。因为养活一英亩的单个家庭要比种植一英亩的棉花或紫花苜蓿用水少一点点，因此，农村到城市的转型并没有出现供水紧张。1955年后，SRP服务区外和农田附近的沙漠开始开发，新住宅区需要新水源支持。此外，SRP不能持续满足服务区的水需求，特别是在 1941～1965 年之间的长期干旱期，抽用了大量地下水。SRP 区域的农业经济繁荣吸引了其他地区农民和投资者尝试在服务区外经营农业，农户急剧增加，从 20 年代到 50 年代新小区如雨后春笋般兴起，这都严重依赖地下水。

　　SRP、市民和农民极度的水需求使紧张局势升级。到 1980 年，亚利桑那州每年消耗将近 500 万亩尺的水，2 倍于年度可再生量。[57] 即使在 20 世纪 80 年代中期中亚利桑那工程上线，鉴于当前的消耗水平仍出现水赤字。土地塌陷破坏山谷许多地方的道路和建筑地基。地下水的消耗也造成了含水层压缩，整体存储空间减少，水质下降。城市意识到持续增长需要保护地下水，扩大州供水用量超过目前的 5%。保持增长避免环境灾难主要是让使用州供水的农民做出让步，他们的用量占到 89%。

　　这一问题的解决标志着力量平衡的转变，从控制了大部分州供水的农民转向居住着 80% 州人口和选民的城市。早期调解纠纷时，各方存在根深蒂固的猜疑和不信任。城市和矿山指责农民是水垄断者，农民认为城市和矿山是农业的公开敌人，他们就是不让步。尽管有分歧，地下水改革的势头还是很强劲，因为城市增长不能被水资源短缺所限制。

　　1977 年 2 月，美国总统吉米·卡特提出取消 19 个西部水项目的资助，包括 CAP。1977 年 11 月，成立了一个由 25 名成员组成的委员会，研究地下水枯竭问题，提出解决法律草案。争论的焦点是农民是否有权使用地下水，或者说，城市和矿业认为公共资源如地表水一样应受同一规则约束。内政部长斯塞西尔·安德烈警告说，如亚利桑那州不通过地下水法案，他将拒绝分配 CAP 水。之后在 1980 年制定了配额，保证了 CAP 顺利进行。安德烈斯部长在 1979 年 10 月访问了凤凰城，明确表示：没有地下水法案就没有 CAP。[58]

当时的州长布鲁斯·巴比特召集了相关人士，包括立法机关的领导和城市、矿山、农业的代表。这种所谓的"余党集团"私下会面数百小时。巴比特能够促成三股强大拮抗的微妙妥协（城市、农民和煤矿），首先因为他熟悉谈判，了解西部水问题，其次该州的持续发展除了解决这个问题外别无选择。州立法机构在 1980 年 6 月 11 日通过地下水管理法案，第二天州长签字。因为以 80% 的多数通过，法案立刻生效。[59] 法案提供了强有力的州政府管理和保护程序。规定了使用水和运输水的权利，制定了行政执法规则。没有一方完全满意，但都能接受最后的结果。福特基金会将这一法案命名为国家和地方政府 10 个最具创新性的项目之一。

亚利桑那州地下水法案起草者确定了四个区：凤凰、皮纳尔县、普雷斯科特和图森，这四个地方的地下水问题最为严重，命名为主动管理区（AMAs）。第五个区是圣克鲁斯，是 1994 年增加的，原是图森的一部分。[60] 压倒一切的目标是实现安全放手，到 2025 年在四个管理区的前三个中实现后提取和补给（withdrawal and recharge）之间的平衡。在皮纳尔主动管理区，目的是开发利用非灌溉水，尽可能延长农业经济生活，并给未来城市化保留水资源。[61] 在一系列管理计划中，通过退农和减少市区人均耗水量提高保护水平。该法案要求开发商在批准计划之前保证 100 年的可持续水供应，并提供相应的办法确保供应。对于开发商来说，在市服务区内开设分部最简单，市政可直接供水。开发商一旦获得城市用水许可证，他或她就得到供水保证。第二种选择是退出农场生产，转换灌溉权为被称作 1 型的权利。第三种方法是使用中亚利桑那地下水补给区（CAGRD）组织论证区成员消耗的供应量。CAGRD 非常受欢迎，允许没有得到 CAP 水的区域发展。值得关注的是 CAGRD 的储水地方远离用水地方，发展靠的是剩余水而达不到永久供应。随着 1996 年亚利桑那州水岸局成立，亚利桑那州全部拿到了科罗拉多的水配置，拿出一部分支持保证新发展商的 100 年水供应。这就引出了一个问题，如果之后 20～30 年配额完全分配，情况会怎样。

同样重要的是，在大规模的沙漠城市化中健康的空气质量是否可以保持。在过去的 10 年中，凤凰城地区大气臭氧的不健康水平引起了美国环境保护署（EPA）和当地居民的关注。臭氧是一种无色、稍有恶臭的气体。在平流层，臭氧层的功能是阻挡有害的紫外线辐射。在城市大气中，由碳氢化合物反应生成，通过热和阳光进行燃烧和氮氧化。凤凰城的臭氧污染问题主要在夏季，因为辐射强大，引发了光化学反应。与臭氧接触可以使人更容易得呼吸道感染，出现肺部炎症，加剧病情，如哮喘。对孩子们更危险，因为他们大多时间在户外活动；对老年人也危险，因为他们体弱多病。慢跑和锻炼者可以感到咽喉干燥、胸闷、咳嗽、气短。臭氧也对植物有害，全球植物90%多的伤害来源于臭氧。[62]

凤凰城的自然地理位置非常适合产生和集中臭氧。该地区高温、晴朗、干燥，促进氮氧化物与分子氧结合，形成臭氧的光化学过程。因为风力弱加之城市周围海拔高，臭氧一旦产生就不容易扩散。2002年，凤凰城地区有14天未能符合EPA的健康臭氧水平标准，但这一数字是从1998年的35天降下来的。[63]臭氧已经通过诸如改进汽车发动机、改进油箱设计、在凤凰城区实行车辆检验程序、加油站水汽回收系统和新配方汽油等各种办法减少了。尽管做了努力，人口增长和自然条件使凤凰城依然很难满足目前的8小时联邦标准。此外，由于复杂的地形和当地环流模式，部分城区比其他地区受到的影响更大。在炎热干燥、臭氧含量高的日子，气流循环流向山谷东部的海拔高地，带着一缕缕臭氧气，集中在梅萨东部郊区。[64]凤凰城循环系统本身的性质意味着不健康的臭氧层可以在远离实际污染物的地方出现。巨大的人口增长和西部的汽车增长造成东区的高臭氧浓度。

空气质量也有高颗粒物数量的风险。颗粒包括空气中的固体颗粒和液滴。许多颗粒物有人为排放的，也有自然排放的。直径小于10微米的颗粒构成最大的健康风险，吸入后会累积在呼吸系统。小于2.5微米的极细颗粒形成"棕色云"，在许多风平浪静的日子里笼罩凤凰城。这个问题主要出现在秋季和冬季。由于建筑和工业活动集中在西河谷，那里的颗粒物量最高。虽然该地区利用专门配制的汽油成功地降低了臭氧和一氧化碳排放量，但是微颗粒量从1999年的每年1%升至2001年的4%，直到2002年的5%。[65] 1995年，亚利桑那环境风险项目估计小颗粒的浓度造成每年900多人过早死亡，呼吸系统疾病、哮喘发作、下呼吸道症状、咳嗽住院等都在增加。[66]

可以说，目前该地区环境议程的"热门"挑战是城市热岛的增长。大规模的城市化造成了沙漠表面和边界层大气的升热，特别是在夜间。发生这种现象是因为城市的建筑物和铺设的表面吸收了更多的阳光，比天然植被更有效地储存了所产生的热量。夜间，城市表面释放热量慢，温度下降不能像农村地区一样快。城市中心受影响最大，城市峡谷（urban canyon）或高层建筑群集吸热最大。凤凰城有些地方目前的夜间温度比周围的农村地区高出12°F。[67]凤凰城内地比大小相似的温带城市的热岛很厉害，原因是太阳明媚、天气平和、纬度低、阳光强烈、吸热面大。

凤凰城的老居民都知道早上升温慢，晚上降温慢。5月和9月之间平均每天超过100°F的"痛苦时刻"时间比1948翻了近一倍，从1.8增到3.4。7月和8月气温超过100°F的时间在增加，从3.6增至6.4。[68]高温影响人体舒适度，凤凰城人通常安排在凉爽的早晨和傍晚时间进行日常锻炼。能源需求和水的使用也受到影响，保持舒适的室内温度需要更多的电，而高温促进蒸发，使室外植物往往更需要浇水。城市热岛也对凤凰城最近尝试成为全年性旅游地构成了威胁，虽然许多度假村的温度比城市官方气象站报道的要凉爽很多，因为天空港机场的采集区海拔高，周围有致密的冷却植被。[69]

虽然热岛属于区域性的，但城区温度变化之大绝对少见，这可能意味着减轻热岛效应需要使用土地战略。凤凰城的马赛克式干湿表面产生了不同的微气候，从而形成不同的人体舒适度。浇水量大的地区冷却时间更长，从而舒适度更大。这些例子表明热岛效应引起的不适可以在小规模内得到改善，如大量绿化、遮阳、改变建筑与铺路热材料。[70]

凤凰城的现代史是关于人类如何面对一个又一个环境挑战的历史，是在地球上最具挑战性的地方建立一座拥有360万人口城市的故事。凤凰城人建造了复杂的水利基础设施，引用遥远的水源，用湿冷却器和空调缓和沙漠高温，通过大桥和创造性的城市设计确保自己远离巨大洪水，创新公共政策防止地下水消耗。通过获得应对沙漠变幻莫测的免疫力，凤凰城人改变了当地的气候、地形、植被。但在这个过程中，他们开始失去沙漠生活的本质：沙漠植物和动物、气候的不可预测性和极端性、自然景观的壮丽之美，以及维持沙漠生命的水。

历史经验支持这种观点，沙漠居民可以通过合作和目标一致适度地应对困境，促进大规模的城市化。凤凰城未来的重要问题是，面临气候的不确定性和迅速增长的人口，越来越多元化且分散的社会化人口是否能制定完整的环保决策。

第3章

不断变化的社会动态

　　凤凰城不是一座感性城市，不会把目光放在过去的传统、英雄人物以及值得纪念的事件上。凤凰城在不断变化，新人和老人日益融合，都着眼于未来。当伟大的西方作家华勒斯·斯特格纳把西方人比作"滚石不生苔"时，他捕捉到了许多凤凰城人的灵魂——始终在搬迁的灵魂。快速增长和不断更替导致了移民文化，强调变化、创新、适应和未来。这种动态性也削弱了场所感，导致了忠诚纠结，因为许多居民与家乡城市保持联系，希望再搬回去。在这一点上凤凰城像其他西方城市一样，许多居民周围没有至亲。社会话语往往讨论住宅的历史。友谊以群形成，他们要么与威斯康星州，要么与明尼苏达州或伊利诺伊州，甚至与芝加哥人或克利夫兰人的特定社区保持联系。

　　这种现象对巴山超市这样的地区零售商很不利，他们得花更多钱做广告，让居民知道他们的存在，居民只认大品牌：西夫韦、家得宝和沃尔玛等。当美国国家橄榄球联盟亚利桑那红雀队迎战达拉斯牛仔队，亚利桑那响尾蛇棒球队迎战芝加哥小熊队时，当地电台和球队官员感叹失去了主场优势，因为这么多来自得克萨斯和芝加哥的移民继续为他们的"家乡队"加油。即使国外新来的居民也很容易借助先进的通信技术与家乡保持联系。他们过着人类学家所说的跨国生活，换句话说，他们的生活超越了国界。日常生活包括在互联网上阅读家乡的报纸，寄钱回家，与家乡保持密切联系。

凤凰城正在成为全美最大的都市之一。随着这一身份转变，大量的人口涌入，种族和民族越来越多样化，这可能使凤凰城成为 21 世纪的国际大都市之一，或要不然成为以社会性质分层的地方，有钱白人退到城市边缘享受门禁服务和门卫保护，远离现代城市生活不可避免的两难（ambiguities）局面。早期凤凰城记录了种族和族群间惨淡的不包容。在 19 世纪末和 20 世纪初，凤凰城是一座种族多元化城市，居住着美洲印第安人、墨西哥人、华裔美国人、非裔美国人、犹他州的摩门教殖民者、加利福尼亚和中西部地区的欧裔移民。由于渴望重塑城市形象，原来是西部前哨，今天是繁荣的美国大城市，占大多数的欧裔美国人不断地把少数族群清除出公共生活，只限他们租住在最没人要的、最易发生洪涝灾害的地区。今天的国际移民赶上了一个对新移民开放的社会，但总的来看还不是一个包容多元文化、文化差异和多样性的社会。

凤凰城边缘区的门禁社区和总体规划社区在增值。这些社区提升了新移民急需的归属感，但阻碍了地区的凝聚力。

西部新规划的维拉多社区吹捧自己是"按下快进按钮，社区的小镇功能让你享受再过几代才能享受的服务"。[1] 偏远郊区的市民领袖哀叹，这些地方的居民眼里只有自己的街区和社区，对城市的收税权、提供公共服务和未来规划漠不关心。

分离的遗产

早期凤凰城的繁荣吸引了欧裔移民到这个城镇定居，该镇在西班牙和墨西哥统治时期还不存在，而其他西南部城市已经出现。结果，占多数的欧裔很容易就对当地居民推行了他们的文化制度，并拒绝城市的少数族群进入公共生活中有意义的地方。如同当时其他的西部城镇，早期的凤凰城实际上种族和民族混杂，他们先在农场、黄金白银矿山工作，或者修建横贯大陆的铁路，充当军事哨所的牛仔和士兵，然后迁入市区。早期市领导没有考虑多元人性的包容，而是谨慎地定义城市形象为"进步的美国小镇"，抑制不符合形象的行为和文化传统。1872 年《圣地亚哥联盟》的一篇关于凤凰城的文章明确了新社区对有色人种的态度："现在，印第安人讨厌，索诺兰人烦人，但都会如正午太阳中的雪一样消失在文明中。"[2]

土著民族

1876 年，城市土著人被普雷斯科特的《亚利桑那州矿工》描述为"懒惰，懒洋洋地在街上闲逛的皮马和马里科帕印第安人，或随处躺在树荫下，以甜瓜、南瓜和其他便宜的蔬菜为生。"[3] 1889年条例规定，如果印第安人穿着暴露地出现在城市街道，就是违法；如果不受雇于凤凰城居民，天黑后出门也是非法。[4] 歧视条例如剧院依法规定隔离印第安人座位区。亚利桑那州直到1948年重新解释州宪法，才承认印第安人有投票权。[5]

为了"美国化"土著民族，1892年成立了凤凰城印第安人学校，到1900年学校在7街和印第安人学校路校园招收大约700名学生。[6] 印第安人夜幕降临后上街不受欢迎，这种情况下许多学生是通过学校经营的"外出系统"熟悉凤凰社区，最初是让他们了解美国习俗和工作生活。有的学生在附近果园打工，有的在当地家庭做家政，在20世纪初雇佣印第安仆人被认为是时尚。结果，这个程序成为印第安人的就业服务和凤凰城家庭的廉价劳动力市场。[7] 凤凰印第安人学校成为成千上万土著美国人迁入城市的入口，直到1990年关闭。尽管制度严酷，目标是消除印第安文化，但印第安人学校仍然是城市的印第安人团结聚集的地方。[8]

20世纪早期，许多印第安人住在内城的贫民区，尽管凤凰城印第安人学校周围居住着一大群中产阶级。中产阶级居民区的一位老居民回忆说"真正的社区，像一个小村庄、一个小中心。然后……有一个杂货店、美容店，当然还有酒馆。这基本上是自给自足的社区。"[9] 老凤凰城印第安人学校周围的社区包含当今最强大的印第安人住宅集中地，不包括与坦佩相邻的雅基印第安人社区瓜达卢佩和该地区的美洲原居民（也称美洲印第安人）保留地（图8）。附近有凤凰城印第安人医院，位于印第安人学校路和16街，还有为美洲原居民服务的社会服务机构、几个印第安人老企业如炸面包店和艺术画廊。但是这个族群相当弱小，非印第安人远远地超过了印第安人。印第安人分散在整个城市的低收入社区。2000年，大凤凰城有45703名印第安人，1990年有32270人。[10] 将近50%居住在凤凰城，另外30%住在保留地，12%则分散于梅萨郊区的老社区。

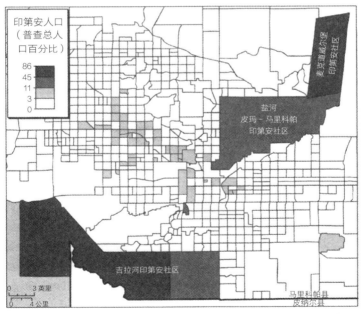

图8　2000年凤凰城印第安人人口。美国2000年人口普查。概要文件1

不能简单地把印第安人的待遇看作是种族主义、种族歧视和欧裔人的统治，因为瓜达卢佩市夹在坦佩和凤凰城之间，反映了欧裔人的家长作风和印第安人的团结。雅基族人是墨西哥血统的印第安人。几百年来，他们在墨西哥索诺拉的亚基河流域耕种土地。19世纪80年代开始，他们在索诺拉的"八普（Eight Pueblos）"外寻求就业，上山采矿、下地种田，也去气候相似且边界没有巡逻的亚利桑那州。在经济发展和土地改革的压力下，墨西哥政府独裁者波尔菲利奥·迪亚兹粗暴地掠夺雅基族人的土地。一些雅基族人到附近山上避难，以游击运动对抗政府。其他人在亚利桑那州打工资助抵抗。由于受到雅基游击队的反击，墨西哥政府正式采取驱逐和灭绝政策，1906年驱逐数百名雅基族人到尤卡坦半岛。迪亚兹倒台后，墨西哥革命继续迫害雅基族人，导致许多人投奔了已经在亚利桑那州定居的亲人和朋友。[11]

　　雅基族人在坦佩南部的图森和瓜达卢佩附近建了四个定居点。瓜达卢佩的创始人在19世纪80年代抵达亚利桑那州，寻求方济会修士的帮助。一位修士把他们带到凤凰城地区，坦佩的自耕农以一美元的价格让出五亩地给天主教堂。在修道士的指点下，雅基族人联系亲友，建议他们定居在教堂的土地上。他们建造了一座教堂、中央广场和附近的公墓，并以家乡的保护神瓜达卢佩圣母命名村庄。最初雅基族人一直保持低调，担心被驱逐遣返墨西哥。但当意识到美国政府无意遣送他们回家时，他们恢复了传统文化。这些传统主要表现在大家族、西班牙语、西班牙和印第安传统相结合的独特天主教形式。在 1914 年和邻区发生纠纷后，雅基族人迁到一块 40 英亩大小的新土地，即现今的瓜达卢佩城。

许多雅基族人曾在盐河流域水用户协会（SRVWUA）工作，罗斯福大坝建成后该组织负责维护灌溉渠。至此 SRVWUA 终于找到健壮又愿意干活的工人清理运河污泥。他们曾聘过阿帕奇印第安人，认为他们是牧民和养牛人，不适合干定点农活。后来又招募波多黎各人，但他们没有太多的农业经验，要求条件还高。于是 SRVWUA 招聘雅基族人，他们果真忠诚勤奋。他们熟悉灌溉工作，习惯当地气候，使用工具灵活，甚至对蝎子咬伤也有免疫力。此外，不像其他墨西哥人，他们有难民身份保护，不会被美国当局驱逐出境。李·韦伯是 SRVWUA 的工程主管，了解雅基族工人的良好声誉和有利的移民身份，在 1922 年和 1924 年之间前往墨西哥和图森招聘雅基族人在渠道干活。用水户协会成为凤凰城雅基族人的主要老板。尽管勤奋，但雅基族人还是印第安人和墨西哥人，很少有机会得到提拔。[12]

协会在 1927 年决定为运河维修人员在两个地点建立永久性营地："北边"是斯科茨代尔南部克罗斯卡特运河和亚利桑那运河交汇处的盐河北，"南边"是坦佩和钱德勒之间的河南岸。这些营地很平常，马里科帕县的棉花带就有 80 个劳动营星罗棋布，向城西延伸约 50 英里。瓜达卢佩依然是雅基族文化的聚集地，但全年性居民相当少，因为许多雅基族人在大凤凰营地和农田之间流动。夏季和冬季清理河道，春季和秋季采摘棉花，小时工延长为全年工。瓜达卢佩是雅基人的社会生活中心，社区成员常返回去过节、做礼拜、扫墓、与家人团聚和过宗教节日，特别是大斋戒和复活节。SRVWUA 试图保持文化传统营地，为流离失所者提供政治庇护和稳定生活，但他们的生活条件非常简陋。雅基工人住帐篷、窝棚和用树枝木头纸板建成的房屋。[13] 只有在第二次世界大战开始后，雅基族人才离开营地寻找薪水更高的工作，住房条件才得以改善。SRVWUA 通过营地活动加大了隔离，尽管是以温和的方式，比如允许职工请假过节，印发西班牙语报纸。[14]

到了 20 世纪 50 年代，雅基人营地更多地成了 SRVWUA 的负担。使用新化学品和机器清洁运河减少了对人力的需求。战后的城市扩张催生了原始营地与分社区（subdivision）和企业之间的冲突。许多雅基人买房搬离了营地，营地的住房条件更差了。营地的孩子们很难上公立学校，因为他们几乎不讲英语。1956 年，SRVWUA 董事会投票决定放弃营地，给没搬走的 37 户雅基人家庭发出 30 天搬迁的通知。许多人搬回了瓜达卢佩，而其他人在北边营地附近的南斯科茨代尔找到了住房。有些人在建筑、维修和服务等行业工作，有些人则继续为盐河项目工作。

1974 年，当相邻的坦佩企图吞并瓜达卢佩时，居民们表示反对，他们担心恶化的住房条件不能满足坦佩的住房水准，同时也不想为坦佩服务支付更高的税收。后来瓜达卢佩形成独立社区。瓜达卢佩市的历史充斥着政治纷争、明争暗斗和腐败，同时也显示了坚如磐石的民族自决。现代化的分社区、商场、快餐店以及其他美国大众文化标志环绕小镇。然而，社区仍相对具有独特性，难忘该地区的农业史，亲身体验过的歧视与社会隔离。

墨西哥裔美国人

19世纪和20世纪早期墨西哥人对河谷历史同样重要，同样被越来越占多数的欧裔美国人隔离。城市首批墨西哥人被称为索诺拉人，因为他们从墨西哥索诺拉州向北迁移而来。他们先定居在麦克道威尔堡，19世纪70年代为军队做导游、翻译、劳工和志愿者，在盐河流域的干草营劳动。杰克·司伟林的妻子——特立尼达·埃斯卡兰特·司伟林是墨西哥人，使他在当地墨西哥人中很有影响。1870年，墨西哥人占了凤凰城人口的一半，他们在城市商业和社会生活中发挥了积极作用，如1881年亨利·加菲亚斯当选为城市首领。[15] 加菲亚斯也曾在城市中的其他部门工作，担任过警察、税务员和街道主任。他开办了一家地方报纸《进步高度》(El Progresso)，帮助他接触墨西哥选民。

凤凰城早期的墨西哥移民认为他们是在寄居，打算回到墨西哥。民族认同感是通过聚集在民族聚居区或西班牙语居民聚居区得以保持的。1881年，墨西哥工人在当地商人耶稣·奥特鲁捐助的东梦露土地上建造了原圣玛丽天主教堂，土坯结构。东梦露区的墨西哥家庭和企业区被当地人称为"凤凰城的索诺拉"，9月16日放烟花、燃篝火、跳舞、唱歌和饮酒，庆祝墨西哥独立日。[16]

欧裔美国人在19世纪后期蜂拥而至，购房买地，墨西哥人人口比例有所下降，社会地位今非昔比，居住空间被日益隔离。1891年洪灾后，盐河水到达了华盛顿路，欧裔美国人搬到高地，远离洪水的潜在危害。房地产开发商和土地投机商鼓励这种趋势并向北修建新电车线。贫穷的墨西哥人继续把家建在较低的市区南部洪水易发区，周围是市铁路、仓库和牲畜围场。新经济秩序规定，墨西哥人是快速增长的城市及其周边农田的廉价劳动力。

墨西哥西班牙语居民聚居区集中在市区南部，满足了欧裔美国人把凤凰城变成美国小镇的需要。墨西哥人认为，集中提供市场基地可以支持民族企业、开办西班牙语报纸、慈善团体、就业局和其他文化机构。此外，地理集中性在日益壮大的英裔美国人社区出现政治权力制衡，因为少数族群居民主要集中在城市四个区中的两个。墨西哥人在1913年失去政治权力立足点，当时激进的欧裔美国改革者成功修改了城市宪章的选举法，不再以区，而以全体议员为基础。改革后，人口更多和更富裕的北方社区代表主导了市领导层。1982年，城市重回地区选举，西班牙裔对市政府的影响有所增加，虽然力度不是很大。

到1940年，凤凰城的墨西哥居住地主要集中在两个街区：从华盛顿路南至盐河的16街和24街，华盛顿路南第二和第四大道之间。西班牙语居民聚居区有住宅、商店、教堂、学校、社团以及在日益美国化的社区中生存的必要机构。墨西哥人受到人身隔离，张贴标志警告："墨西哥人不得入内"，或每周某天或某些天的特定时间限制墨西哥人使用公共设施。老拉丁裔居民回忆城里的游泳池被限制在换水前才可使用，因为那个时段的水对欧裔美国人儿童太脏了。[17]特别过分的行为是，圣玛丽教堂爱尔兰牧师把墨西哥教区居民弄到教堂的地下室，可教堂是他们的父辈和祖父辈修建的。[18]最终，他们离开圣玛丽去了自己的教会，这成为凤凰城墨西哥人天主教生活的新中心。新的圣玛丽大教堂于1915年启用，成为欧裔美国人天主教的中心（图9）。

图9　圣玛丽大教堂，于1915年2月启用，是凤凰城最古老的天主教堂。凤凰城历史博物馆，圣玛丽大教堂收藏

不断变化的社会动态

金门的西班牙语居民聚居区为生存斗争失败的故事发人深省，当时凤凰城要扩大天空港机场，在城市发展中把欧裔美国人的经济利益凌驾于墨西哥传统文化之上。金门西班牙语居民聚居区位于俄亥俄路路北的 16 街和 24 街之间，建于 1933 年。墨西哥家庭拥有小地段房子，房子由居民自己用便宜的材料建造，或由当地的墨西哥承包商建造。屋顶是褶皱的金属材料，没有铺设管道，地板很一般。公共设施很少；金门没有人行道，没有自来水，没有排水设施。吃水从后院水井打，主要取暖和燃料靠木材。炎热夏天的晚上，床得移到屋外方能凉快点。[19]

尽管条件差，但金门的社区责任感强。当年凤凰城的墨西哥裔社区积极参战，送子参军，参与推动战时公债等活动。金门在推动建立社区教堂过程中有着独特的表现。西班牙语居民聚居区在 20 世纪 30 年代末举行募捐，一位住户捐赠出土地修建急需建筑。20 世纪 40 年代，一家老店被改建为教堂。方济会教士艾伯特·布劳恩神父第二次世界大战后搬到凤凰城，特别欣赏金门为教堂而发起的运动，促进社区活动增长。经过无私奉献、不懈努力，圣心教堂、教区和学校都在 20 世纪 50 年代建起。原计划建成土坯房，但突然一场大雨淋坏了砖坯。艾伯特神父发起一项募捐活动，每个人甚至孩子，可以至少为教堂买一块红砖。教堂建设成了社区大家的事。教会提供宗教服务，资助斋日，成为墨西哥人生活和社会活动的聚集场所。1972 年，当杰克·威廉姆斯州长签署防止农场工人在收获期罢工的立法，农场工人联盟领导人凯撒·查韦斯在圣心教堂的圣丽塔中心开始"斋戒"。他受到美国总统候选人乔治·麦克卡文、马丁·路德·金的遗孀科瑞塔·金，以及许多国家的政要和活动家的接见。虽然没有成功推翻该法律，但该事件证明了圣心教堂和金门对凤凰城墨西哥裔美国人的生活和活动很重要。[20]

"金门"时期的社区建设正好赶上凤凰城渴望扩大天空港机场——结果毁灭了金门。城市早就觊觎天空港，使之成为经济发展的动力。扩大机场势在必行。机场在第二次世界大战期间是美军的作战基地。凤凰城的两个主要经济部门——国防制造业和旅游业都严重依赖空中旅行。当地支持者甚至在军队 1944 年离开天空港前就强烈要求扩大并美化机场。市政努力得到联邦配套资金，支持机场扩建。[21]

1968 年，凤凰市议会通过了机场扩建的新总体规划，联邦政府首次要求评估环境影响。在这一过程中，机场东部坦佩和斯科茨代尔郊区的居民提出噪声和污染问题，机场建设被迫延迟了三年。终于在 1974 年通过环境影响评价，但金门机场以西的居民仍抱怨机场扩建。城市迅速采取行动，搬迁西班牙语聚居区居民到新社区，根本没有认真考虑搬迁的后果，究竟是搬到密闭的墨西哥裔美国人社区好，还是为减少对社区的压力再开发边缘地区建机场好。从城市的角度看，扩建天空港对经济持续增长至关重要。城市着眼于未来。感知的共同利益超过任何特定群体或社区的利益，特别是一个贫穷的破房旧屋的墨西哥巴里奥（barrio）区。从居民的角度来看，城市威逼利诱强迫他们以低于市场的价格卖地卖房，断然否认集体搬迁的要求，分散搬迁造成他们的财产贬值。金门人散居在城市的低收入社区，巴里奥居民日常生活意义的寄托之地被摧毁了。[22] 只有圣心教堂今天仍然立于铁丝网后面，被空地和电话呼叫中心包围。它怪异地提醒人们这里曾是一个充满活力的墨西哥裔社区，曾有一段历史讲述欧裔美国人经济价值超过墨西哥裔美国人的传统和社会身份。

20 世纪早期和中期，都市凤凰城的西班牙裔人口占总人口的 10% 和 15% 之间。随着墨西哥和美国中部移民迅速增长，该地区的西班牙裔人口从 1970 年的 112225 人增长到 1980 年的 199803 人、1990 年的 345498 人以及 2000 年的 763341 人。[23] 为了适应这种增长，尤其是在 1990 年和 2000 年间，华盛顿路南原来的巴里奥区扩建至凤凰城中西部，西班牙裔居住地的次核心扩大至梅萨中部（图 10）。西班牙人集中地也存在于城市边缘的几个破旧农居点，包括埃尔迈拉和埃文代尔。

华裔美国人

虽然早期凤凰城的中国人被孤立，被隔离，但他们最终改善了自身的经济状况和社会地位，先搬入拥有自己企业的黑人和墨西哥人社区，之后搬入城市经济适用房社区。[24] 1848～1882 年之间，超过 30 万中国人移民美国找工作，

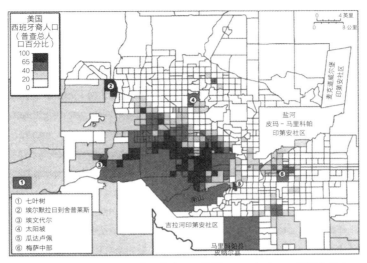

图10 2000年凤凰城的西班牙裔人口。美国2000年人口，概要文件1

他们在金矿、铁路建设集团、洗衣店干过，也当过厨师、佣人和菜农。[25] 中国移民在美国西部开发中的特征是几乎清一色的男性，华裔男人通常外出打工，把妻子留在家里，有时一分居就是几十年。像墨西哥人一样，华裔也认为自己是寄居者，希望在美国攒够钱就回国与家人过好日子。他们着装和外表独特（光头和留一条长辫），过着单身生活，希望有自己的文化，和西方邻居保持距离。在19世纪70年代经济困难时期，白种工人担心华裔抢工作，在加利福尼亚和西部华裔被称为"黄祸"。西部新闻媒体也夸大华裔社区出现的一些问题。

华裔很早就参与杰克·司伟林的运河建设，成为凤凰城历史的一部分。《亚利桑那矿工周刊》在1872年就报道过两个中国人在凤凰城南开了一家洗衣店。[26] 南太平洋铁路建设吸引了更多华裔，有的华裔先在铁路工作，之后辞去工作，借居在城市。到 1880 年，凤凰城有 109 名华裔，占城市人口的 4%。当地华裔经营洗衣店、杂货店、面包店，做家庭佣人、厨师、园丁、小农场主和菜贩。[27]

19 世纪 70 年代和 80 年代期间，华裔居住的地区临近杰弗逊路、梦露路，以及 1 街和 3 街。第一个中国城坐落在 2 街和亚当斯路附近，服务于社区的单身人群，有餐馆、经济公寓住宅，以及赌场和鸦片馆等。当地英裔对中国城不认同。报纸编辑们抱怨中国人垄断餐饮业和洗衣业，希望白人自己开办。中国建筑也被形容为"难看"、"不健康"、"公害"。[28] 1890 年，《亚利桑那州共和报》声称"不要让他们四处搬迁"。[29] 当新街铁路在 1 街和亚当斯路建总站时，市领导强迫华裔搬迁到一个偏僻地方，原建筑被拆除。

新中国城在 1 街、3 街、麦迪逊路和杰克逊路之间修建，有寺庙、餐馆、洗衣店、木板房和公寓房。该区还有中国商会管理本地华裔商人的事务。他们经常以在美国出生的孩子姓名进行土地交易，因为国家立法禁止中国籍人拥有财产。华裔也专营食品杂货业务。后来，许多家庭离开唐人街到城市的其他地方开店，特别是在西班牙裔和黑人社区。1929 年，中国城外有 53 家中国企业，1921 年是 34 家，1900 年是 18 家。[30] 随着时间的推移，第一代华裔劳工、园丁、洗衣工和杂货店老板退出，接班的是他们的中产阶级儿孙们，更有见识、更为自主。中国城在 20 世纪

30 年代和 40 年代初期开始衰落。1943 年撤销了反华法，中国成为美国的战时盟友，凤凰城华裔偏见减轻，地位得到提升，从而优化了人口地理分布。

今天，凤凰城有 15020 名华裔，在数量上是最多的亚裔人，但在城市亚裔人票数上绝不是最多。最近海外移民提出泛亚洲人口概念，有 11516 名菲律宾人，11370 名亚洲印度人，10102 名越南人，5878 名韩国人，4875 名日本人。[31] 在语言、宗教、收入和教育状况方面具有多样性，甚至在本民族内也存在多样性。受过高等教育的华裔留学生，"上城华裔"背景完全不同于开餐厅工厂的"下城华裔"。2000 年，凤凰城的亚裔集中在高科技就业区，毗邻亚利桑那州立大学，许多亚洲学生在此就读（图 11）。

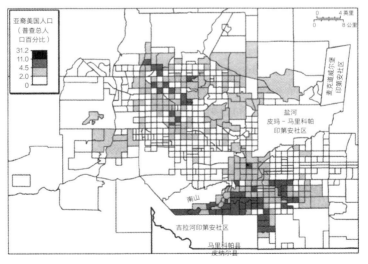

图 11　2000 年凤凰城亚裔人口。美国 2000 年人口普查。概要文件 1

不断变化的社会动态

非裔美国人

　　非裔美国人最开始在第 19 世纪中期向西迁移加入淘金潮。许多早期到亚利桑那州的非裔移民先落脚在农村地区，当过自耕农、军人、牛仔和矿工。逃离南部的压迫和种族歧视，他们和欧裔殖民者一样被财富、从头再来的机会和社会进步的可能性吸引到亚利桑那州。他们到了凤凰城，渐渐地形成具有凝聚力的黑人社区。凤凰城的第一位非裔美国人是玛丽·格林，他曾做过管家，1868 年陪哥伦布·格雷家从阿肯色州到了凤凰城。虽然大多数非裔美国人从事半技术和非技术性职业，但 19 世纪末还是涌现出了黑人企业家和社区领袖。罗伯特·史蒂文斯于 19 世纪 80 年代初期迁移到凤凰城，开了家百货店。弗兰克·雪莉于 1887 年也迁移到凤凰城，在亚当斯路和 1 街附近开了一家理发店。其他黑人企业包括农场、酒店和水果生产厂等。[32]

　　非裔美国人领袖建立了社区组织的社会结构。1897 年组织了黑人棒球联盟。当地黑人社区有很多俱乐部，包括马蹄文学俱乐部、有色人讲座论坛、黑人合唱团、黑人的基督教青年会、黑人童子军和黑人营火女孩。《凤凰论坛》由得克萨斯出生的英语老师亚瑟·伦道夫·史密斯于 1918 年建立，是亚利桑那州的第一家黑人报纸。之后又在 1919 年开办了《亚利桑那光》，1936 年开办了《凤凰导向》。[33] 教堂是凤凰城非裔美国人的生活中心。除了精神上的指导外，还为社区活动和政治集会提供住宿。非裔卫理公会教堂建于 1899 年，位于杰弗逊路和 2 街的拐角处。1911 年，黑人居住区向东延伸到 12 街，第二个社区位于沿俄亥俄路的 12 街和 18 街之间。

由于黑人从 1890 年的 54 人增长到 1920 年 1075 人，凤凰城精英们强制以苛刻的社会规则定义种族关系。市政当局有组织地把黑人从白人主流社会隔离出去，剧院、教堂、酒吧、餐馆和酒店都实施隔离。为了应付越来越多的黑人入境，1901 年亚利桑那州法律禁止"白人与黑人通婚。"[34] 在本地立法机构通过一项法律，允许地方学区隔离非裔学生。虽然亚利桑那没人赞同这一规定，但凤凰城学校董事会采取了隔离行动。[35] 1910 年，当地黑人社区表示反对，凤凰城开了一所弗雷德里克·道格拉斯小学，"专门开给有色孩子"。凤凰城人还投票建立隔离高中学校，凤凰联合高中开始"有色人教室"，1926 年开设隔离校园。1915 年当地居民弗兰克·史密斯写信给《亚利桑那共和报》，称"凤凰城一平方英寸土地的种族仇恨比我住过的任何城市都多。"[36]

由于银行和房地产经纪人的歧视行为，凤凰城大多数非裔美国人直到最近都生活在隔离区。早期销售广告会列出"严格限制"或"种族限制。"广告大胆提出"夫妇必须是白人"。凤凰城房地产董事会在 1924 年采用了全国房地产董事会的道德规范，"禁止任何种族或少数族群成员或任何不利于精神价值的个人住进小区。"[37] 1960 年，凤凰城的 21000 名黑人有一半仅居住在城市 92 个人口普查区域中的三个。[38]

　　凤凰城黑人人口与城市发展保持同步，与当地人口保持了稳定比例——在 3% 和 4% 之间。1980 年后，黑人从凤凰城南部的传统街区分散开来，到 2000 年传统街区几乎没有任何人口集中区（图 12）。凤凰城的这种经历具有相当的典型性，美国其他城市也以此作为肯定的行为规划（affirmative action programs），黑色中产阶级崛起，住房歧视下降导致了 20 世纪的最后 20 年大面积的黑人郊区化。另外，在洛杉矶和凤凰城的推动下，出现了种族和民族的自然演替，来自墨西哥和美国中部的新移民住到传统上由黑人居住的社区，反过来，黑人搬到白人腾空的

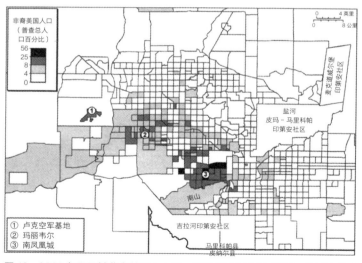

图 12　2000 年凤凰城非裔美国人人口。美国 2000 年人口普查。概要文件 1

社区，白人搬到城市边缘新住宅区。

　　凤凰城移民人口的巨大变化产生了种族继承的模式，白种欧裔不断向外迁移（图13）。20世纪早期社会结构的记忆是少数族群主导内城，而富裕白人在城市边缘的更高地段和更美区域寻求新家园。城市建筑师和评论家多洛雷斯·海登称其为"丛生的世界"（clustered world），描述了一个隔离圈，富裕白人住在遥远的郊区，黑人人口集中在贫穷的内城。[39] 到2000年，少数族群主导了凤凰城和梅萨内城，而欧裔占领了郊区，尤其是气温更凉爽和视线更好的北部和东部。少数族群几乎没有地区可重新开发，特别像在太阳城、阿瓦图科（Ahwatukee）、喷泉山、北斯科茨代尔和里约维德。

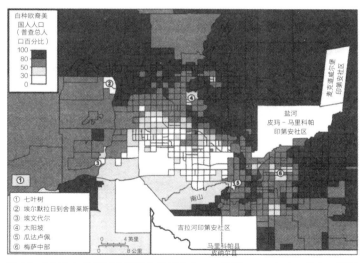

图13　2000年凤凰城白种欧裔美国人人口。美国2000年人口普查。概要文件1

不断变化的社会动态　　　　　　　　　　　　　　　　{ 69 }

耶稣基督后期圣徒教会（摩门教）

　　然而，盐河流域的早期文化史还有另一个组成部分，耶稣基督后期圣徒的教会会员（LDS），也被称为摩门教徒。今天的 160023 名摩门信徒是大凤凰城的第二大宗教宗派，仅次于基督教，基督教是 562213 人。[40] 当地摩门教徒政治生活活跃，给美国国会和州立法机构派遣的教会成员在数量上远远超过其人口比例。整个河谷中宏伟的梅萨摩门教圣殿和宗教建筑是当地文化景观的重要特色，告知世人摩门教的根深扎于凤凰城。

　　摩门教史的广义大纲涉及约瑟夫·史密斯在纽约州北部的启示，他带领团队长途跋涉穿越俄亥俄、密苏里和伊利诺伊三个州，最后受迫害入狱并遭谋杀。随后杨百翰带领该教派进入盐湖盆地，引高山水灌溉干燥但可种植的山谷，创造了"沙漠之花"。传教士充满热情，加之盐湖地区缺乏耕地，教会派遣殖民团队沿落基山脉向南向北进发。摩门教徒殖民了犹他州、内华达州、亚利桑那州、怀俄明和爱达荷州的 350 个定居点，建立产业支持自给自足的农业经济体系。有一位摩门教营地的摩门教作家在美墨战争中加入美国军队，1846～1847 年经过亚利桑那州领地，对所见所闻印象深刻。早期传教士首先在亚利桑那州东部的小科罗拉多河上游定居。

　　1876 年，摩门教会官员要求丹尼尔·韦伯斯特·琼斯带领殖民团队向南进入墨西哥。他过去已经勘探了亚利桑那州和墨西哥的部分地区，他挑选的殖民团队成员家庭贫困多子，不易再迁徙。经过三个月艰难的崎岖跋涉，穿越犹他州南部和亚利桑那北部，他们于 1877 年 3 月到达盐河流域，遇到了运河挖掘者、农民、印第安人和早期企业家，如坦佩的查尔斯·特朗布尔·海登。凤凰城当时被誉为喧闹的小镇，为避免麻烦，琼斯带领团队进入孤峰北部的一个地方露营过夜，现在被称为巴巴哥公园。团队耐力已达极限，决定就在盐河流域定居，不再继续向墨西哥前进。当时海登在坦佩发展区的东面。1877 年 3 月 6 日，犹他维尔（Utahville）镇址确定在盐河以北，摩门教殖民者在盐河尽情游泳表示庆祝。

当晚，团队为犹他沟设计了一个粗略规划，以清除灌木。以琼斯和当地皮马印第安人建立了友好且富有成效的工作关系，聘请他们帮助挖渠。邻居向当地印第安代理投诉说琼斯留用的印第安人偷了他们的庄稼和牲畜。琼斯团队有人也反对印第安人在犹他维尔堡建房。这些心怀不满的人离开团队前往东南方向的亚圣佩德罗谷，在那里他们经历了艰难困苦，遭到严苛盘剥，队员所剩无几，难以生存。

1977 年 9 月，另一组 85 人的摩门教先驱到达了盐河流域，定居河南部上游，在此又确定了工作点。琼斯邀请他们留在犹他维尔，但团队决定前往河谷上游的梅萨或高原附近。首领约翰·汉考克是测量过凤凰城旧址的测量师，被请来绘制梅萨城新址。他认为新的定居者可以从这里把水引入运河，但工作量超出了团队的承受能力。尽管如此，团队还是坚持，其中有位成员叫西奥多尔·西林，他去佛罗伦萨土地办公室索要第 22 区，一块从梅萨路到乡村俱乐部路和从大学路到百老汇路的方圆一英里之地。

杨百翰认为，理想城址应采用"锡安城"（City of Zion）的规划，大小 1 平方英里，街道宽 132 英尺，街区 10 英亩。传统认为街道要足够宽到牛拉车能掉头的程度，而不必去城边掉头。有人认为不必那么宽，但有人争辩说城市街道建宽以后会受益。梅萨运河于 1878 年 2 月开工，9 个月后完工。1891 年大洪水摧毁了犹他维尔镇，冲走了低洼农田，梅萨成为山谷中摩门教徒生活的主导中心。

第一所学校建于 1882 年，位于 2 街和中央大道，该镇成立于 1883 年。坦佩最近的邮局要走 6 英里，很不方便，随着社区的发展 1889 年该镇居民请求正式建立梅萨邮局。一夫多妻制受到摩门教制裁，梅萨在 1890 年犹他州加入联盟之前还有一夫多妻的家庭。多妻制婚姻引起混乱，梅萨有五个男人被判在尤马监狱短期服刑。[41] 1970 年利希地区（如后来称之为犹他维尔镇）纳入梅萨市，但保留了大量乡村特色。[42]

由于梅萨区域对摩门教的定居很重要，20 世纪 20 年代决定在梅萨建寺。建筑设计模仿所罗门圣殿，于 1927 年完工，今天仍然是中亚利桑那摩门教生活的文化中心、当地的旅游景点。圣诞节期间，寺庙装饰成千上万盏灯，成千上万的摩门教徒和非摩门教徒一起参观寺庙园林和花园。近年来梅萨的摩门教定居区得到加固，并扩展到山谷的其他地区。2000 年，凤凰城地区有 390 个摩门教教会，而 1990 年时只有 273 个。2000 年，马里科帕县有全美第四大摩门教徒（LDS）聚集地（153980 人），前三位是盐湖县（503476 人）、犹他县（236893 人）和犹他州戴维斯县（173172 人）。[43] 虽然梅萨通常被认为是河谷摩门教生活的中心，但目前摩门教成员仅占城市人口的 10%，远比天主教徒少，而天主教徒估计占到 60%。

变化中的凤凰城

按摇滚音乐家杰瑞·李·刘易斯的话说，凤凰城有"大批人涌进（whole lot of shak'in go'in）"。人口变化主要源于人口比例变化快。1990 ~ 2000 年之间，凤凰城增加新居民 100 万多，从 224 万增长到 325 万，成为美国增长最快的大都市。50 强中的拉斯韦加斯和奥斯汀增长更快，是因为它们的基数很小。[44] 在 2000 年 4 月 1 日和 2003 年 7 月 1 日之间，又增加 34 万人，平均每月增加 8757 位新居民，每天增加 288 人。[45] 年轻活力的凤凰城很快超越古老庄严的费城跃居美国第五大城市。这引起了不少抨击："有个仙人掌城市在人口版图上爬到我们头上，把刺扎进我们公民的身体，""它前不着村后不着店。我可以不屑地问一句凤凰城有什么文化，但我不愿问，"这也引起了凤凰城的严肃思考，怎样增长和创新对城市经济与市民身份才有意义。[46] 吉尔伯特是凤凰城的郊区，全国增长最快地区，拥有 10 万多居民。全国 10 个增长最快的炸弹式郊区（boomburbs）中的 3 个，吉尔伯特、皮奥里亚和钱德勒，都是凤凰城的郊区。梅萨现在凭借自身力量成为全国第 40 大城市，超过亚特兰大、塔尔萨、奥马哈、火奴鲁鲁、明尼阿波利斯和迈阿密。[47] 因为动量建立在成长过程中，大凤凰城人口预计在 2010 年达到 390 万，2020 年达到 470 万，2030 年、2040 年和 2050 年分别达到 560 万、660 万和 760 万。[48]

人口增长有几个方面：美国其他地区移民、国外移民和自然增长，这些都导致凤凰城处在不断变化中。国内移民占所有增长率的一半以上。大量的迁进和迁出导致快速吞吐量和人口持续变动。凤凰城的增长不太像加砖成堆，而更像用筛子筛沙。1995～2000 年间，大凤凰城吸引了 518000 名其他州的移民，而 275000 人则移民到其他州，净增 243000 人。[49] 年度数字波动性很强，上升和下降随着经济周期的潮汐和凤凰城相对于全国其他地区的经济情况而波动。

凤凰城一向与加利福尼亚和中西部联系紧密，尤其与芝加哥地区关系密切。之前，芝加哥人在极为常见的城市项目和相关企业与之保持紧密联系。约翰·C·亚当斯是芝加哥的律师，1897 年到达凤凰城，建立了西南部最大最辉煌的酒店——凤凰城市中心的亚当斯酒店，得到马歇尔·菲尔德的支持。早期的土地开发商德怀特·赫德娶了芝加哥名流梅尔·巴特利特，她的父亲是阿道弗斯·巴特利特，全世界最大的五金公司头领，他们合资把数百万美元投入凤凰城的抵押贷款市场，投资农场、牧场和城市开发。今天，提到赫德的名字就会想到世界著名的凤凰本土文化艺术赫德博物馆。前芝加哥人查尔斯和沃伦·麦克阿瑟合建了汽车经销部，取名道奇兄弟，后又请来一个兄弟艾伯特，他曾在弗兰克·劳埃德·赖特手下当建筑师。麦克阿瑟在亚利桑那运河突起的山阴中建了亚利桑那比尔特摩景点，此处还有芝加哥口香糖大王威廉·K·里格利建的豪宅。[50] 在大萧条破产时里格利买下了比尔特摩。1928年，芝加哥和凤凰城的投资者购买了中心以东 2 英里的机场，后来成为天空港国际机场。摩托罗拉公司以芝加哥地区为基地，战后在凤凰城开始产业扩张。直到最近，摩托罗拉一直是该地区最大的私营老板。皮奥里亚之前的一个农业社区，现在是凤凰城发展最快的郊区之一，以伊利诺伊州皮奥里亚命名。芝加哥和伊利诺伊州的联系名单不断增加——很像纽约市和迈阿密之间进行的交易。

环境历史学家和地理学家威廉·克罗宁认为，在塑造西部景观和经济中没有城市比芝加哥发挥的作用更大了。[51] 西部的主要目标是扩大都市经济圈，创造城市和农村之间千丝万缕的联系。在 19 世纪末建造帝国的思维方式中，芝加哥以其得天独厚的地理位置，位于密歇根湖西南角，成为西部的罗马、新兴帝国的中心、西部资源和能源的集中地。西部城市被称为"高等命运"（high destiny），自然优势与人口发展促进了芝加哥财富的增长和发展。支持者认为，西部地区最终会被吸引到一小部分城市中心周围的商业系统。他们确信城镇在这些中心最受青睐。他们白手筑起城市，预言在最不可能的地方出现最伟大的城市文明：例如在凤凰城。凤凰城 19 世纪晚期和 20 世纪早期的许多支持者和企业家都是芝加哥人，这不是巧合，充分体现凤凰城会把伟大的美国进步文明传遍西部。

这种迁移、命运和经济发展的过程在凤凰城当地体育大亨杰里·科朗格洛的人生中有所体现。科朗格洛生长在芝加哥高地的亨格里山社区，在芝加哥高地进行篮球训练，准备前往堪萨斯大学松鸦鹰队打球。他先转到伊利诺伊大学，在那里为伊利诺伊战队（Fighting Illinois）打了两年，后来在国家篮球协会芝加哥公牛队的管理部工作。科朗格洛于 1968 年搬到凤凰城，接任凤凰城太阳队的总经理，拥有扩张特许权。他从此位置做起最终获得了太阳队的所有权，精心策划了甲级联赛与亚利桑那响尾蛇队的比赛。他的成功与凤凰城的进步和成长息息相关。他认为社区领导职务是商业利益合乎逻辑的产物，比如，作为凤凰城合作总裁。他的社区权益也涉及更广泛更深入的社会福利问题。就像过去的老牌支持者，科朗格洛鼓励民众创新，这对自己对城市发展都有利，如建设市区设施既有利于太阳队也有利于响尾蛇队。

今天的伊利诺伊州是凤凰城移民的第二大来源，仅次于加利福尼亚州（表1）。历史上的加利福尼亚移民没有伊利诺伊移民效率高，他们爱回家，哪怕是短暂停留也要回家，而伊利诺伊移民往往待着不动。但是，加利福尼亚在 20 世纪 90 年代早期遭遇毁灭性经济衰退后，凤凰城这个筛子筛住的加利福尼亚人比以前多了。得克萨斯和科罗拉多沿加利福尼亚低效线输出功能大。像伊利诺伊一样，华盛顿、纽约、密歇根和俄亥俄移入凤凰城的人比移出得多。从大小和距离判断，芝加哥是凤凰新城主要的移民伙伴，紧随其后的是明尼阿波利斯的双子城和中西部的圣保罗、底特律、圣路易斯和密尔沃基，太平洋西北的波特兰和西雅图。[52] 中西部的强势源于这些长期移民流的主导性和持久性，他们亲眼目睹过凤凰城的特性。这种特性的加强是因为许多加利福尼亚移民自己出生在中西部。

1995 年和 2000 年间大都会凤凰城迁入和迁出的移民　表 1

移民最多的 10 个州	迁入移民	迁出移民	净移民
加利福尼亚	109218	49255	59963
伊利诺伊	35862	10112	25750
得克萨斯	26977	22466	4511
华盛顿	21851	12266	9585
纽约	21620	5560	16060
科罗拉多	20746	18391	2355
密歇根	16457	6821	9636
新墨西哥	16328	8365	7963
俄亥俄	13891	5967	7924
佛罗里达	13793	10079	3714

资料来源：美国 2000 年人口普查，《国与国之间的移民流》。

移民往往是 20 多岁的年轻人。这个年龄的人通常会离开父母上大学、参军或找工作；有的大学毕业后就业或换工作；有的结婚成家。这是凤凰城人口相对年轻的原因，与人们通常认为凤凰城老龄化的观念相反。全国有 12.7%的人超过 65 岁，而凤凰城只有 11.7%。全国的中年人为 35.9%，而凤凰城为 33%。[53] 快速增长的墨西哥裔人口增强了凤凰城的年轻化。凤凰城的拉丁美洲人和欧裔之间有巨大的年龄差距。当地墨西哥人的平均年龄是 23.3 岁，欧裔是 38.5 岁。[54] 这意味着代际问题中有民族维度，解释了为什么西部学区学生团体主要是墨西哥裔而投票多数是欧裔。

除了国内移民之外，凤凰城人口增长另有 15%～20%是国际移民——包括合法的和非法的。近年来的人口数量增长相当快，导致全国移民人口在地域分布上发生变化。一直以来，大多数入美的新移民定居在一些门户城市，如纽约、旧金山、芝加哥、华盛顿特区和迈阿密。因为生活费飙升以及新就业机会有限，这些城市很难维持新移民。现在移民离开这些门户城市去东南部和西部，像亚特兰大、凤凰城、拉斯韦加斯，有经济适用房而且工作提升快。[55]在 1990 年和 2000 年之间，凤凰城地区的外国移民翻了三倍，从 152000 人到 457000 人，人口比例从 7.3% 增加到 15.1%。墨西哥人占本地移民的 2/3。[56]

大量墨西哥移民迁入，内城移民社区增长速度惊人，许多 20 世纪 50 年代衰败的商场变成热闹的街区购物中心,常有美容院、珠宝店(joyeria)、肉菜市场(carniceria)、天然草药治疗所(herberia)和拉丁音乐商店。街头摊贩和露天餐厅在凤凰城中部再现,当然居民也抱怨噪声、气味、停车场和垃圾,游说城监会管得再严一点儿。亚利桑那州的立法机关最近允许订购酒精饮料的最后一次电话从凌晨1点延长到2点。墨西哥食品供应商受到城市的规范,要求延长营业时间,因为许多客户晚上跳舞饮酒后想在回家路上吃点东西。邻居已厌倦这种商业形式,提出反对。城市不得不调解两种利益相争的文化冲突,一方需要继续更传统地分离使用城市土地,另一方需要更加国际化的以移民为主的凤凰城市内生活。

虽然大多数新移民群聚集在凤凰城中部,但别的地方也有少数小规模的墨西哥裔居住区。在凤凰城高度隔离的人力市场,墨西哥移民主导着整个就业门类。这些移民在度假村做园丁和管家,在高档写字楼和工业园区当门卫和清洁工,在饭店干厨师,在"托尼"家庭当女佣和保姆,在建筑工地当工人。有时住在移民社区的旧公寓,例如在斯科茨代尔有几个移民小社区穿插于旧城。[57] 它们大多不显眼,首先是面积太小,其次是不适合斯科茨代尔富人天堂的形象——高尔夫度假村、"西部的最西部小镇"、艺术和文化中心。周日,可以看到斯科茨代尔的墨西哥移民家庭在印度湾流野餐、钓鱼和踢足球,周围有欧裔在滚轴溜冰、滑板、骑自行车、动力步行(power walkers)以及玩飞盘高尔夫。

许多墨西哥移民真正过着跨国生活,承担墨西哥家庭与社区责任。他们处于典型的忠诚两难中，一方面，环境孕育了都市生活，把凤凰城和一系列广泛的国内外其他地方相连接；但另一方面，又减少了对地区的兴趣和责任。后者见于墨西哥移民非常低的归化率。1990 年前抵达美国的凤凰城移民只有 31% 在 2000 年前成为公民。与此相比，亚洲人为 71%，南美洲人为 69%，非洲人为 66%，加拿大人为 56%，中美洲地区人为 41%。[58] 造成这一现象的原因有很多：有的墨西哥人在非法工作，有的英文说不好；还有的打算最终回家，因为墨西哥让他们牵挂着。但无论什么原因，结果都是公共参与性差，对政治决策的影响小。

墨西哥是凤凰城新移民人口的最大来源，但近几年出现了相当混杂的难民群。当地志愿者组织，特别是国际著名的救援委员会和天主教社会服务组织，每年安置数千难民。有些难民自己安定后再接济家人，于是越来越多。种族间的紧张关系和全球政治斗争的状态决定着移民的国籍问题。20 世纪 80 年代和 90 年代早期是大量的越南人，1990 年"沙漠风暴"后是伊拉克人，埃塞俄比亚内战之后是埃塞俄比亚人，1999 年"迷失的男孩"后是苏丹人，1993 年和 2001 年之间是波斯尼亚人。[59] 今天，超过 6000 的波斯尼亚人居住在凤凰城，是美国第二大波斯尼亚人社区，仅次于芝加哥。[60]

凤凰城波斯尼亚人快速同化，兴建社区，变成凤凰城人。凤凰城没有波斯尼亚穆斯林社区，所以早期难民无从联系，就定居在难民管理办公室附近的内城公寓，就近找活干，享受社会服务和公共交通。波斯尼亚人认为这些社区不安全，尤其对小孩，他们不喜欢这些公寓。滑稽的是，波斯尼亚人曾有被前南斯拉夫种族驱逐和内战的经历，对凤凰城街道的个人遭遇以及国家地方媒体描述的暴力心有余悸。一位三个孩子的年轻母亲说："在电视上看到校园枪击事件，我们就问为什么，为什么，为什么。看到这些，我们害怕送孩子上学。为什么孩子们要互相射击，你能告诉我为什么吗？"[61] 另一位妈妈讲述了一件事，有个波斯尼亚家庭从移民区搬到中心城市的另一个社区，有人开枪打了她家的车胎。该女士后来不敢把孩子独自留在杂货店，她曾绝望地逃离暴力圈，正是暴力促使她逃到美国。[62] 波斯尼亚人找工作后买车——都是凤凰城生活必需品——迅速向郊区分散。当问到如何选择住宅时，回答是安全第一。一位住在郊区的波斯尼亚父亲说："我们想要一个有家可回的地方，孩子安全的地方……我们住的地方满足这几条就行。"[63] 他们表示不愿意住在临近其他波斯尼亚人的少数族裔聚居地，因为他们来自萨拉热窝——一个多种族的国际化城市习惯住在多民族混合社区。波斯尼亚人很快就在郊区和凤凰城的其他地方找到了经济适用独栋房社区。

定居 10 年后，他们建立了"解放空间"社区。大家庭网络、以波斯尼亚人为主的招聘网站、波斯尼亚经营的行业（包括两个波斯尼亚风味餐厅和一个杂货店）、业余无线电台和黑塞哥维那波西尼亚无线电台。凤凰城波斯尼亚人保留着与波斯尼亚故乡的联系，但实际上已经接受了凤凰城的生活。不同于得克萨斯和科罗拉多的典型移民，他们没人期望返回家园或搬到美国其他地方。许多人把开放性、着眼未来和凤凰城的移民文化看作个人危机后的新需求。有人尖锐地指出：凤凰城或许是"新南斯拉夫"，不同国籍的人可以学会和平共处。[64]

虽然凤凰城吸引了大量移民，但增长中也有相当的本土性。自然增加，出生死亡顺差，本地区人口年增长1/3。然而究其自然增长的根源与移民有关，因为移民带来的年轻人生子容易，成活率高，还有墨西哥移民的出生率很高。该地区的整体生育率或孩子数掩盖了种族和民族之间的重要差异。欧裔的生育率是2.0，非裔和亚裔是2.4，墨西哥裔是3.2。[65]说到墨西哥裔下降的出生率数字，令人恐慌，在墨西哥生育率是2.8。[66]墨西哥裔女性占该地区人口的27%，但占41%的出生率。城市的产科病房、幼儿园和教室不成比例地是墨西哥裔，可能未来会更加严重。凤凰城和梅萨中部的学区面对的问题是墨西哥裔学生越来越多，而选民人口却是欧裔。

社会分裂

面对人口流动性高和日益多样化，许多凤凰城人已经退到具有共同价值观、生活方式、文化传统和世界观的社区。这一趋势肯定不只为了应对多样性，也不局限于凤凰城，整个美国城市都被越来越分裂的城市社会空间笼罩着。凤凰城的独特性有很多原因：近期发展的总规模；城市边缘的总体规划和退休人员社区的增值；区域传统和已建的邻里关系薄弱；极端的快速定居、交友和生存需求的流行移民文化——之前提到的维拉多现象（the Verrado phenomenon），社区快速向前发展，超过了几代人的真实体验。凤凰城社会生活的三个案例研究表明，社区的狭义定义、都市整体的薄弱联系，以及区域问题和区域解决方案的不匹配。第一个案例是西太阳城的退休人员社区占用了周边学区。第二个案例是圣歌社区（Anthem）的新总体规划——如何市场化，居民如何通过理解圣歌社区的构思来感受世界。第三个案例是解决流浪汉问题，如何使区域性问题逐渐成为凤凰内城的地方性小问题。

太阳城一直具有排外性，西太阳城收购戴萨特学区不足为奇。设计退休人员社区的企业强调田园休闲的生活方式，身体健康、刚退休的中产阶级欧裔夫妇不愿和有孩子的家庭住同一社区。之前讨论过青年镇的奶奶们，她们追求自由，不愿再承担家庭责任。这些人过去现在都有种共识：孩子会扰乱平静休闲，影响归属感，降低退休社区的房产价值。在原太阳城社区，行为限制或法律条款中有年龄限制，禁止出售给不符合年龄要求的人。通常家里至少有一人 55 岁，不允许有 18 岁以下的儿童。行为限制通常以一个社区一个社区强制实行，执行权掌控在个体业主和社区协会手里，可以代理应诉。

1979 年，太阳城居民意识到贯彻年龄限制不易，说服马里科帕县的监事会通过一项分区条例，旨在保护退休社区没有年轻人住。[67] 根据这项条例，这些地区的住户必须至少有一人超过 50 岁。18 岁以下的孩子只允许居住 90 天，特殊情况下可以签发临时许可证。如被确定为老年公民区（SCOD），至少 80% 的住户年龄达标。[68] 今天，五个退休社区被确定为 SCOD，占马里科帕县退休人口近一半的家庭。其他几个城市实行年龄划分，限制年龄的社区在城市边缘地带扩展。

退休社区积极推动实施年龄限制，没有"特殊情况下"允许例外的守则条文受到起诉。最近有几个案例，一位丧偶祖父试图与他 8 岁的孙子一起生活，男孩的母亲在读护理学学士学位；还有一对老年夫妇因为经济上的原因让他们的女儿和母乳期孙女一起住；再有一对婚后夫妇带着两个十几岁的孩子，搬到只有老人的流动（mobile）家庭，照顾盲人残疾姥姥。居民一直强烈要求执行年龄限制，县政也一直严格执行他们的意愿，下令驱逐要照顾双目失明母亲的家庭，虽然判决被县高级法院的法官驳回，裁定不合理，成年女儿为了照顾她生病的母亲不可以与丈夫和孩子分开住。

实施年龄限制的想法人人都有，弥漫了太阳城全社会。政治上，普遍认为退休社区居民不应为公共教育负责。毕竟他们是芝加哥、明尼阿波利斯、圣路易斯和弗雷斯诺的移民，他们曾在那边缴税养孩子。早在 1962 年年初，太阳城人质疑他们为皮奥里亚学区缴纳教育税的义务，认为他们的社区几乎没有学龄儿童，而且他们已经在以前的家乡承担过教育孩子的义务。通过大数量的投票表决（45000 位高度积极、居住集中的老人），太阳城居民在1974 年和 1962 年之间拒绝了 17 所学校的集资诉求。无法筹集资金建新学校，区里请求县督学迁走太阳城老年人，他们如愿了。西太阳城照葫芦画瓢，对戴萨特学区采用了类似的策略，1981 年被批准吞并（de-annex）。[69] 当时有一个社区反对，这幅来自《亚利桑那共和》的漫画嘲笑太阳城人不愿意为当地学校付税（图 14）。

太阳城与当地学区最近的纠纷发生在 1997 年，结果是一小部分西太阳城实质上控制了戴萨特学区。1992 年西太

图 14　1985 年 10 月的卡通，讽刺太阳城人未缴纳教育税。《亚利桑那共和国报》供稿

不断变化的社会动态

阳城扩建，包括未列入原协议的 1773 个单位，吞并了戴萨特。其中一部分属于皮奥里亚区，另一大部分属于戴萨特（图15）。太阳城激烈反对税收，如自己支付学校税而邻居不支付，他们就会不满意，西太阳城扩建区居民在 1995 年成立了公平税收公民组织（Citizens for Tax Equity）。借助于小而有效的高级选民集团，公平税收公民组织精心策划废除了三个预算和两个债券提案。这让 1600 万美元的戴萨特预算削减了

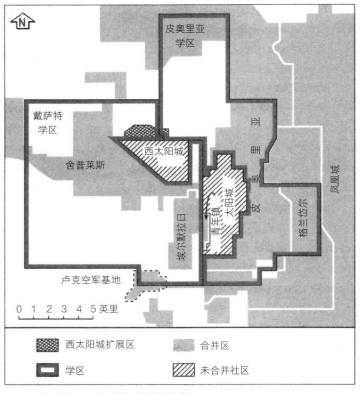

图 15　太阳城、西太阳城及其附近的学区

250万美元，从而强迫削减了学校项目。戴萨特居民越来越亢奋，他们阻碍老人们走出社区，呼吁富裕老年人支付他们应付的当地学校税。邻区居民也担心失去大块税基，担心这种情况在其他符合标准的退休社区开发区域发生。[70]

公平税收公民组织挽救了退休社区老人，他们没有离开，接管了该区事务。1997年11月7日，三个欧裔中产阶级退休人员被选为学校五人董事会成员，其3/4的学生是少数族群（70%的西班牙裔，5%的黑人）。他们的第一个官方行为是聘请在公平税收公民组织工作的律师取代了戴萨特法律顾问。后来，他们强迫墨西哥裔管理者辞职，让前监督助理代替、她是一位欧裔女士，更符合他们的公共教育观点。很快，他们制定了新的管理和会计条例。

董事会老年人和与邻居隔离的少数族群两组人对学区接管事宜观点不同。退休人定义社区在西太阳城的围墙内，他们比社区同龄人须付更高的税，所以感到公平受到了侵犯。另一方面，他们努力地健全金融教育实践，但家长和老师对此并不买单，他们感觉受到了伤害，很沮丧。而家长的看法则完全不同，他们觉得老年人占据了社区，剥夺了他们的社区制度。他们不理解为什么新移民，特别仅仅因为是老者，就可以对地区的孩子不负责任。[71]

2001年7月情况恶化，当时一怒之下，校董事会的所有老年人都辞职了。他们坚决抗议州设施委员继续把建校39年的高中留在卢克空军基地附近，那里噪声大，而且事故多。校董事会成员赞成州拨款新建高中，但小区

不断变化的社会动态

居民反对，他们认为高中的现有位置对保持社区的宗旨意识至关重要。此外，几代人生活在这里，他们不相信噪声和安全问题真有那么糟。一位当地妇女全家已经居住了40多年，她说"我的儿子坐公车上学受伤害的危险远比炸弹或飞机掉到学校的危险大。"[72]

退休社区居民是否应为学校纳税并非一个在太阳城独特的历史和地理环境中产生的孤立问题。它反映了日益多样化和与社会脱节的大都会的社会变革，社会责任感非常弱。西太阳城居民认为社区和公共责任包括西太阳城界内的人和地区。戴萨特小区居民则认为他们的公共责任广义地包括学区的孩子。由于定义相左，就校区融资问题双方无法达成共识。

太阳城案例或许是凤凰城最显著的社会分裂案例，但其故事情节正在数百个地方重演，特别是在城市边缘的总体规划区和门限社区。这些社区推广提供强烈的归属感虽然范围不大。最近对凤凰城移民和社区做了一项研究，结果颠覆了简·雅可布斯和刘易斯·芒福德的传统城市理想。研究表明，比起内城的老邻居，凤凰城边缘的邻里之间更熟悉，更喜欢晚上到户外散步，更容易请求邻居帮忙。[73]总体规划社区的销售招牌是创造新的生活方式；事实上他们做到了。

第二个案例是研究德尔波特·韦伯的总体规划圣歌社区。在凤凰城中心以北大约40英里的索诺兰沙漠地区，圣歌社区扩建了12英里，占地面积6000英亩，打算容纳 35000 ~ 40000 名居民。圣歌社区本身是一个多代同堂的社区，老人可以和儿孙生活，成为他们日常生活的一部分。以安静简单的怀旧感为主题，圣歌社区力求成为家族世世代代居住的社区。50 多岁的人打高尔夫球，年轻夫妇铺毯野餐，小女孩码头钓鱼，圣歌社区宣称"对每个人来说都是一个了不起的新社区。"[74] 为满足多代人生活的愿望，《圣歌月报》设计一系列活动，比如包月高级聚餐活动、夜晚曲棍球场滑冰、圣歌社区青少年活动、自卫班、压力管理工作坊、婚姻沟通咨询处、青光眼宣传月和马丁·路德·金一日游。德尔波特·韦伯公司总经理本·里德曼承认生活和家庭的重要性，指出："在韦伯，我们为客户服务，创造生活，多方面承诺实现伟大的美国梦。"[75]

圣歌社区用广告强化社区概念，感召外地人迁入这个节奏简单、可以有家的感觉的地方。在圣歌社区乡村俱乐部，新居民可以"感受到大，也可以感受到个性和隐私"；[76] 可以加入对高尔夫球有相同兴趣的特殊人群，可以在圣歌社区乡村俱乐部买房；可以有归属感，无须承担社区成员常有的公民责任。圣歌社区属于曾经的鹿谷统一校区，它属于半农村地区，考试成绩不是很突出。圣歌社区通过创建自己设备优良的学校与划片排除非圣歌社区的学生，回避了这个问题。马里科帕县公共图书馆有一个分部向公众开放，但与新高中在一起，划片实际上限制了读者。

圣歌社区不仅给予人们虚幻家族史的感受，也打造了沙漠景观的人工自然环境。景观设计可以内感外观。"设计师的沙漠"规划景观，整平场地，移植仙人掌替代天然植物，修剪绿珊瑚（Palo Verde）树，栽培多种仙人掌，圣歌社区到处都是郁郁葱葱。开发商对维护物业营利持谨慎态度，定义市场为多代同堂家庭，创建自然的社会环境，满足市场需求。

第三个案例研究收入和社会地位的另一端，解决凤凰城的流浪汉问题。流浪汉服务主要集中在凤凰城中部，但流浪汉来自社会不同群体，来自都市不同地区。流浪汉问题的研究者常提及流浪汉增加的两大原因："一是极端贫困人数增长导致了个体和家庭承受不起医疗、经济等突发事件，二是租不到保障性住房。"[77]流浪汉问题本不是社区性问题，但社区对流浪汉问题反应强烈，希望将他们尽可能驱赶出去，在地域范围内解决。

当地流浪汉问题专家指出，城市开发的关键问题是1970年后凤凰城市中心拆除了贫民窟两点社区（Deuce），改建为凤凰城市民广场，当时对于这个贫民窟人们谈而避之。结果33家酒店被迁移出市中心，拆毁了3000～4000套的低收入居民廉价房。社会服务者想分散他们到整个市区，却遇到强烈的邻避反应（禁止在我家后院），富裕和有政治势力的地区反对在自己的社区收容流浪汉。社会服务者向西转移到市中心的国会中心区、州议会大厦附近的世纪家园，为铁路和附近工业区的工人服务。第二次世界大战后该地区衰退，当时中产阶级离开内城寻求北部兴起的新发展，附近州办公楼的扩张侵蚀了住宅属性。该地区以卖淫、毒品和犯罪团伙而出名。政治上薄弱，受城市顽疾困扰，国会中心区无法抵挡两点社区的流浪汉涌入，现在该地区提供的流浪汉服务最集中（图16）。[78]

当地政府采取分区政策和入住限制，阻止建流浪汉收容所，想出其他政策禁止某些地区有流浪汉。建立收容所需要的特殊使用许可往往需要公议，这刺激了居民反对情绪。结果收容所建在了反对声音最弱的最贫困地区。1987年，凤凰城以公共安全问题为名强行清除了盐河谷流浪汉营地。公园和休闲董事会在1994年禁止6个城市公园停放购物车，

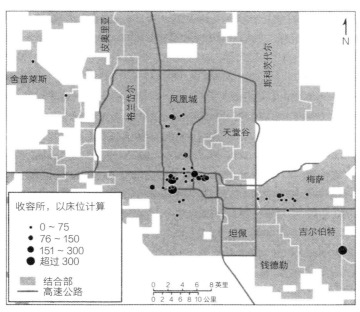

图16　2000年凤凰城都市流浪者收容所。（美）莎拉·乔安妮·布林加尔. 凤凰城地区急救避难地和无家可归家庭流离失所[D].亚利桑那州立大学，2000

不断变化的社会动态

1997年禁止城市公园的户外慈善餐，除非食客可以隐藏起来——悄声无息地取消了流浪者一年一度的感恩节晚餐。[79]

两点社区消失后，城市流浪汉资助者想方设法寻找收容所分散流浪汉，却遭到了来自郊区的强烈反对。[80] 只有梅萨可以大规模修建收容所，在民众的反对中，收容所被迫建在最不起眼的地方。20世纪80年代，市区官员打开市区军械库作为流浪汉冬季收容所；晚上流浪汉乘坐公交车从市中心的社区服务中心过来，次日早晨再回去。1990年，梅萨市议会批准特殊使用权，资助把邻近坦佩的一条凹陷通道上的破旧旅馆装修成小型家庭庇护所，但还是遭到邻居和当地企业的反对。[81]

郊区提出解决流浪汉问题的办法最受推崇，将他们送到凤凰城中部。格伦代尔、斯科茨代尔和坦佩早期不支持修建永久收容所，倾向把流浪汉问题转嫁给周边社区，支持建立城外收容所。[82] 1990年冬季，斯科茨代尔在坦佩边境开设临时收容所收容梅萨收容不了的流浪汉。由于居民抗议，该市尽可能让收容所的流浪汉不在眼皮底下晃荡。夜间用链栏封闭并上锁。流浪汉晚上乘公交车来，清晨出去。次年，斯科茨代尔拒绝开放收容所，拒绝给凤凰城中部CASS设施（亚利桑那州中部的收容所服务机构）提供资金。

坦佩市中心的经济振兴促动城市解决"流浪汉问题"。坦佩强调发展友好步行街，结果特别容易受到游荡、乞讨、在公共场所睡觉以及其他无家可归行为的干扰。人们称之为"街鼠"，靠捡拾食物袋、零钱、劣质香烟生活，与坦佩高智能、高规格的繁荣意象完全不匹配。当地企业对此进行了投诉，坦佩市议会在 1998 年禁止城市露营者，禁止在公共汽车站和自动取款机附近进行侵犯性乞讨，禁止在繁华商业区人行道上坐、躺或睡。"反懒鬼"条例是全国性的态势，城市使用法律措施从公共场所赶走流浪汉。条例规定禁止在公共场所睡坐，禁止在公园和街道游荡，禁止在公共场所小便，所有这些禁令将流浪汉赖以求生的行为定为有罪。[83]

凤凰城人口正在以惊人的速度增长，移民来自全国和世界各地，出现了忠诚分裂。文化更加多样性，拉美裔和亚裔的住宅分离愈演愈烈。欧裔从市中心撤离，封闭在总体规划的门禁社区，以躲避文化多样性的挑战。他们缺乏来自城市社会史的积极引导，面对不同文化背景的有色人不知所措。墨西哥裔、华裔、非裔美国人和印第安人被种族隔离和歧视，在这种社会环境下，他们不适合都市社区。其中拉美裔占人口 25%，比例大，是主要劳动力；印第安人在地区未来发展中也将发挥越来越重要的角色，他们控制着肥沃的土地和水资源；亚裔主要体现在不断增长的"硅谷沙漠"和新兴的知识经济中。大凤凰城的巨大社会挑战是如何建立公民生活和区域文化认同，能与规模庞大、日益多样性以及日益国际化的生活方式相一致。

第 4 章

在沙尘中安然无恙

　　凤凰城无序开发新土地的做法需要不断努力去管制，但说到管制城市开发，凤凰城毕竟不是波特兰市。20 世纪，凤凰城人制定了有创意有效率的公共政策管理宝贵的水资源，但没有关注土地，原因如下。首先，土地广袤无垠，开发海岸线、河流和高山等无天然屏障之地畅通无阻。其次，空间和土地对低密度郊区生活方式至关重要。该地区的户外生活方式、个人爱好和以汽车为主的文化有后院游泳池、户外烧烤、篮球场、容 4～5 辆车的车库。最后，开发房地产利润是经济繁荣的核心。市场力量和房地产决定时机、方向和发展速度。都市竞相吸引新的汽车商场、购物中心和办公楼，同时为开发商提供大量补贴。产业发展根本不顾保护开放空间、防止跳跃式发展和管制开发的公共举措。一般公众对限制发展的政策进行抵制，以求能住上经济适用房，当然也有少数保护环境的积极分子支持这些举措。区域合作由于之前所提到的人口问题而复杂化：流动性大且日益多样化的移民离心离德，社会结构各自为政，欧裔大批迁入位于城市边缘的总体规划社区。

凤凰城的早期创业者和支持者一旦获得生存所需用水，就开始在广袤的土地上建城，这是他们的第二资产。公民与经济伦理以增长为核心。神话中的凤凰鸟从古代霍霍坎定居区的废墟中起飞，不惜任何代价精密地或许残忍地规划增长之地。像圣地亚哥、休斯敦和西雅图一样，凤凰城也是单行业城市，但这个行业不是军事、石油或软件，是开发。1988年有一篇广泛流传的文章，一位外地分析师估计，当地20%的工作岗位都涉及某种形式的土地开发，包括房屋建筑商、建筑工人、建筑师、房地产中介、按揭贷款人员、产权公司、评估师和保险代理人。[1]最近一项研究中，《亚利桑那共和》杂志估计该地区1400亿美元的经济中有1/3来源于房地产业。[2]增长在凤凰城是理所当然的事。当记者请菲尔·戈登市长分享他关于凤凰城超越费城成为全美第五大城市的看法时，市长说寻常如市大厅营业，"我们可以按照未来需求重塑自己；这就是我们继续发展的原因。这就是为什么人们每天每秒都在迁入的原因。"[3]

人口增长在土地利用和人造环境（built environment）中的变化惊人。1980～2000年间，大凤凰城共建造720858套新房，其中大部分在城市边缘。[4] 1975～1995年城市土地面积从273平方英里增长到732平方英里。[5]由于城市发展没有天然屏障限制，20世纪90年代迅速向北拓展，远远超出了已建面积。东边原来是耕地，也被纳入城市。101 高速公路成为西北地区新开发的重点；新增长的走廊沿西部 10 号州际公路闪亮登场（图 17）。当地社区发展的圣杯（Holy Grail）持续在城市边缘的高性价比地段建造独户式住宅经济适用房。相对于西部其他大城市，凤凰城房产实在非常经济实惠。过去一年中价格有大幅上升，然而独户式住宅在 2004 年第一季度的平均价格为 155800 美元，比起拉斯韦加斯的 224900 美元、西雅图的 242500 美元、萨克拉门托的 277000 美元、洛杉矶

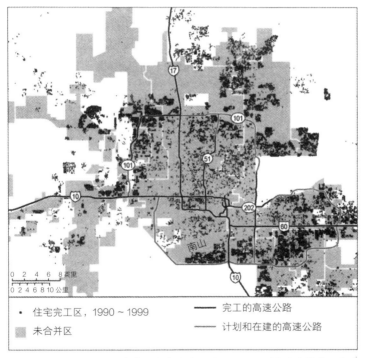

图 17　1990 年和 2000 年期间的新住宅区建设。马里科帕政府协会，住宅竣工资料

的 387700 美元、奥兰治县的 572500 美元、旧金山湾地区的 597300 美元，还是便宜很多。[6]

凤凰城地区由于人造环境没有特色曾受到城市评论家和设计专业人士的严厉批评。城市蔓延越过沙漠，没有场所感，没有城市生活或国家首位沙漠城市的身份认同。一幢幢西班牙风格的红瓦屋顶房以网格状无限延伸，到处随意穿插着棚屋和盒子商业区、停车场和宽阔的林荫道，看不出大城市有什么特色之处。唯有的特色是房子大，坐落在又小又窄又浅的空间，家家有 2~3 个车库临街而建，占了大半条街，有人称其为"猪鼻子房"。10 套这样的房子连在一起就是一道街景，车库门人为地阻碍了睦邻。住房开发通不过"不给糖就捣蛋的考试"，孩子们须在万圣节夜找到前门。此外，凤凰城缺乏可行的城市核心，没有令人兴奋有意义的临界公共空间，没有西南城市生活的视觉符号以及具有历史意义的地标和沙漠城市应该有的规划。凤凰城会成为有趣独特的城市还是庞大蔓延到郊区的城市？未来难卜。[7]

新土地开发

大凤凰城土地开发的基本情况体现在业界的口号中，"在沙尘中安然无恙"。土地新开发似乎是无限的。任何单一行业的城镇都会自然地有荣有衰，但凤凰城还是不屈不挠地挺进沙漠，为房产开发商无间歇地创造利润。都市地区预计在 2000 年和 2040 年之间再增加 330 万人，是当前人口的两倍。[8] 按目前条件下支持所需的新土地增长的成本换算，这一抽象数字似乎就有点味道。假设一个普通家庭按 2.67 人计算，就另需要 1200 万套住房满足未来增长。如果 60% 的住房是独户式独立住宅，一英亩 4 套，其余是独户式独立住宅、大小公寓和流转房，一英亩 10 套，就需要 235000 英亩的新城区土地或近 367 平方英里适应未来的住房需求。这还不包括街道、学校、超市、就业场所、图书馆或公园所需的土地！

马里科帕政府协会（MAG）跨政府机构主要负责区域的规划和预测未来发展的方向，在可用土地供应、运输以及周边现有发展的基础上，模拟未来的发展模式。可以这样设想，开发商继续在城市边缘建设，人们希望移居那里，边缘社区就将继续鼓励开发。MAG 的 2040 年愿景显示城市增长远远超出盐河流域的物理边界，特别在北部和西部（图 18）。到 2040 年，凤凰都市将向东延伸到阿帕奇接合部，向北到逍遥谷、洞河和新河，向西越过俄亥俄。像女王溪、拉维（Laveen）、托尔、埃文代尔和俄亥俄这些半农村地区将被卷入城市化范畴，新开发的这条口袋将向西北延伸 55 英里到威克堡，向西到托诺帕。这种远期发展模式将极大地增加出行时间和拥挤程度。从东南的钱德勒高峰期出行到北斯科茨代尔将从现在的 60 分钟延长至 2040 年的 120 分钟，从凤凰城市中心向北到 101 高速

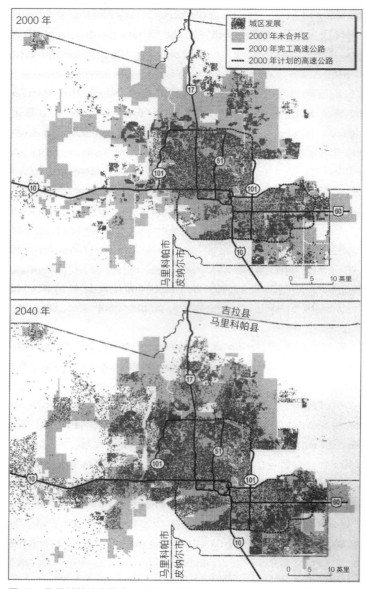

图18　马里科帕政府协会，2000 年已建区域和2040 年计划建区域

公路需要 93 分钟，而目前是 43 分钟。高速公路高峰期的平均速度将从每小时 35 英里下降到 16 英里，干道上从每小时 24 英里下降到 12 英里。[9]

但是，凤凰城作为全国低密度城市发展的广告代言人有不白之冤（bum rap）。凤凰城市化面积广袤，城市化土地中每平方英里的人口密度与有可比性的城市不分上下。当密度仅以市区每平方英里的人数来衡量的话，凤凰城的密度很低，但凤凰城的土地基数包括所有马里科帕县和皮纳尔县，包括印第安人保留地、农业用地、建成区以外的原始沙漠、交织成城市景观的无人居住山区和沙漠地区。当只考虑都市地区的城市化部分时，凤凰城与其他大城市相比相当不错（表 2）。大凤凰的城市化密度为每平方英里 3638 人，实际上高于华盛顿特区（3401 人）、费城（2861）、波士顿（2323 人）、底特律（3094 人）和亚特兰大（1783 人）。这是因为凤凰城最新的周边发展相当密集——每英亩四户的规模——包括公寓和其他相关形式的高密度住房。在全国许多城市的边缘地区，有些一英亩一户。沙漠城市必须以更集中的方式发展，因为需要连接已建的水源。[10] 人不能前脚匆忙挖井，后脚就变成粪池，想在哪儿发展就在哪儿发展，别的地方就是这样。有趣的是，在低密度城市蔓延方面，洛杉矶是凤凰城怎么努力也赶不上的城市，现在成为全国人口最密集的城市化地区。洛杉矶地区的发展受到天然屏障的限制，土地昂贵，居住在大都会核心地区的新移民家庭往往包含几个家庭，人口多。

在沙尘中安然无恙

2000 年已建城区的居民密度　　表 2

	城市化地区	2000 年人口	密度（每平方英里）
1	纽约	17199861	5309
2	洛杉矶	11289487	7068
3	芝加哥	8307904	3914
4	费城	5149079	2861
5	迈阿密	4919036	4497
6	达拉斯	4145659	2946
7	波士顿	4032484	2323
8	华盛顿（特区）	3933920	3401
9	底特律	3903377	3094
10	休斯敦	3822509	2951
11	亚特兰大	3499840	1783
12	旧金山	2995769	7004
13	**凤凰城**	**2907049**	**3638**
14	西雅图	2712205	2844
15	圣地亚哥	2674436	3418
16	明尼阿波利斯－圣保罗都会区	2388593	2671
17	圣路易斯	2077662	2506
18	巴尔的摩	2076354	3041
19	丹佛	1984877	3979
20	克利夫兰	1786647	1206

资料来源：2000 年美国人口普查，www.cencus.gov/geo/www/ua/ua2k.txt。

　　凤凰城边缘紧凑发展的倾向并未阻止超越建成区边界的跨越式发展。[11] 开发商已研究出创造性方法在远离城市边缘的地方找水源，正如 1980 年地下水管理法案所要求的，企业需证明可供水 100 年。圣歌社区规划容纳居民 35000～40000 人，在凤凰城市中心以北 35 英里，德尔·韦伯公司向阿可钦（AK Chin）印第安社区租用水权，建立管道连接 CAP 导水管为圣歌社区提供饮用水。圣歌社区的发展越过建成区 12 英里，有人比喻迎合对位了加剧城市蔓延问题的一亩一区模式。而其他人则认为是无序增长的典范，干扰了城市有组织地合乎逻辑地向外发展，因为它太远离城市边界了。很明显城市同意跨越发展：凤凰带吞并土地到了圣歌社区边界，包括高速公路对面的奥特莱斯中心。这种做法是城市努力规范最终纳入其领土地区的发展，以求保护北部的发展走廊。

另一个跨越式发展的例子是西侧新总体规划的维拉多社区——说明了创新城市设计和紧凑型城市形态之间的内在矛盾。维拉多正在开发，已售出约 2000 套住房。建成后人口预计将在 35000 人左右。维拉多回应批评意见说，凤凰城的人造环境枯燥乏味，千篇一律，没有社区建筑感或场所感。维拉多的设计遵循新都市主义原则，有各种特色的房屋前廊、绿树成荫的街道、阴凉的人行道和行人友善的大街。重点是围绕高尔夫锦标赛球场和 3 英里的小路径组织了户外生活方式，被称为"探索沙漠之花的理想"。维拉多满足了移民尽快与邻居建立关系的需求。市场推销语为"小镇"和"真实"，但它缺乏社区关键的物质感和历史感。提出了建筑的新城市主义风格，但发展却是郊区，不是城市品格。维拉多的低工资和服务业岗位无法匹配有钱的高专业居民。此外，凤凰城中部的就业机会在 30 多英里以外的地方。

圣歌社区和维拉多吸引有钱白人居民到城乡接合部，现有社区面临从根本上改变已建立的生活方式。在迅速增长的地方如凤凰城，这些变化往往眨眼之间就越过边缘，导致已建的农村社区几乎没有时间反应就被开发力量包围了。[12]还没实实在在完全弄明白发展有什么后果，还停留在理论层面读县域规划图，新发展的高峰期就已经过去了，没有机会塑形定时。在城市发展政策的一项研究中，亚利桑那州立大学墨里森公共政策研究所评估了河谷社区发展政策的严格性，发现较小的城市边缘社区，特别是西边社区的增长管理政策没有更大更多的东边已建社区严格。[13]超过半数的新家园建在西侧和发展管理标准低的社区。

支持发展哪里都比不上俄亥俄。俄亥俄在城市发展预期中吞并了很多土地，现已成为该地区最大的市，超过了凤凰城。俄亥俄人在 19 世纪 80 年代后期创立定居地，俄亥俄以此闻名，直到最近还在凤凰城外缘保持着乡村的农业遗风。凤凰城地区远离城市向北向东延伸，然后转向西。俄亥俄市政规划区的人口，包括城市及其周边地区，预计从 2000 年的 18000 人增长到 2050 年的 439000 人。社区的官方回应是"继续发展（bring it on）"。当地开发商赞赏俄亥俄东谷社区合作官员严谨的工作作风。一位当地开发商说：

我不是说"继续发展"不好，俄亥俄州人需要发展。他们不会自己翻车，不会等着让我们去超越。而是非常理性地要求增长，因为他们想在美国这块饼中得到自己该有的那一份。[14]

一些老住户怀着极大的矛盾心情看待必然增长，他们精准地看到纯朴团结的社区将发生根本性变化。一位本地居民这样说：

> 如果你真的想看看乡村小镇什么样，去参加葬礼。一个邻居死了，有 400 人参加。凤凰城不会有。[15]

城市边缘发展过程中的另一个乡村社区是拉维，位于南山山麓，盐河与铜河交汇处的东边。像其他许多河谷社区一样，拉维在 1913 年以农业起家。社区地标是两个百货商店、一个教堂和一所学校。20 世纪 50 年代开始分区，但当西部工业和国家大势阻止大面积开发住宅时，社区保持半乡村生活方式。常见马在户家前院和侧院吃草。拉维的德尔蒙特（Del Monte）市场是盐河南一直在经营的最古老的商店，门前拴着一匹马，绝不是为了装饰。市场成了社区机构，聚集的居民一起闲聊地方和国家大事。但现在一切都在变，因为拉维的特质被开发商和郊区居民看在眼里——北边壮丽的城市天际线、西边层层叠叠的塞利昂埃斯特雷亚（Sierra Estrella）山脉、土地面积大、开发住宅廉价、出入凤凰城市中心方便。售楼广告牌点缀着景观，土地每天都被分割。当地居民中有的在 20 世纪五六十年代逃离大城市生活搬到拉维，痛惜失去社区的半乡村性、友好睦邻和开放性。拉维尤其承受着大城市发展中千篇一律的无特色的压力，因为仅是凤凰城的一个小口袋而已，不能自己规划自治管辖。尽管如此，社区抓住城乡结构规划的机会努力表明观点，几十年来一直构建身份并鼓励公众参与规划。凤凰城其他城市村庄都没有充分利用机构提供的机会，即使说有也很少。2004 年规划时不容否认的事实是拉维带领其他人参与了规划过程。城市全速增长，拉维利害攸关，但不同于许多城市的是，老住户评论团体自愿指导开发过程。

随着城市发展向外扩展，多多少少也遇到凤凰城自身的情况，并因此而被约束。四大印第安社区事实上是南部和东北部的发展边界，正通过赌场更充分地融入大都市领域。此外，边缘的农民构建了文化景观，他们寻找创造性方式在郊区发展中保留农业传统，短暂的季候性老年候鸟人口从 250000 人增长到 300000 人，增加了冬季快速城市化的正常压力。

印第安人社区

15 世纪，史前霍霍坎的定居区急剧下降，但他们没有完全就此消失。他们后代中的分支叫作皮马（或传统的名字 Akimel O'Odham），定居在沿现凤凰城东南铜河的一个叫皮马的村庄，以灌溉农业、种植玉米、豆类、烟草、南瓜和棉花为生，自己用，也与欧裔探险家和附近居民贸易。[16] 18 世纪中晚期的一天，皮马人欢迎皮颇（Pee Posh）部落迁入社区，今称马里科帕人，共同防御北部掠夺性的阿帕奇人。19 世纪 60 年代，皮马和马里科帕农民被迫离开皮马村，佛罗伦萨和萨福德上游的摩门教徒改道铜河灌溉自己的土地，皮马村变得干旱、贫瘠、荒芜，无法生产足够的食物维持社区成员，更不用说与他人贸易了。[17] 1873 年，几百名皮马人和马里科帕人搬到盐河流域，杰克·司伟林在那里开河道，约翰·Y·T·史密斯的干草营也在那里。除了定居的（sedentary）皮马与马里科帕印第安人，亚瓦派占领了麦克道威尔山和四峰之间的凤凰城东北地区，一直认为该地区是他们的精神家园。[18]

本区印第安人与早期矿工、商人和殖民者之间的部落战争与冲突导致印第安人重新安居到四个保护地：（1）铜河印第安社区，1859 年颁布行政命令专为皮马和马里科帕人建立使用；（2）盐河印第安社区，1879 年建立，同样由皮马和马里科帕人使用；（3）麦克道威尔堡印第安社区，1903 年建立，为亚瓦派人使用；（4）阿可琴社区，1912 年建立，为马里科帕人使用（图19）。保护区位于河道，皮马和马里科帕人定居生活必须依赖河道水，维德河流域是亚瓦派的精神支持。这些保护地远离早期美国人和墨西哥裔的定居点，基本自给自足，经济以农业、狩猎、采集和放牧为基础。麦克道威尔堡的亚瓦派，历来不定居或耕作，靠当牛仔、大坝建设工人、矿山工人为生。

第二次世界大战之后，随着凤凰城的扩张，保护地的隔离和自给自足发生了巨大变化。到 20 世纪 70 年代早期，盐河社区直接通了斯科茨代尔、坦佩和梅萨快速增长的路。

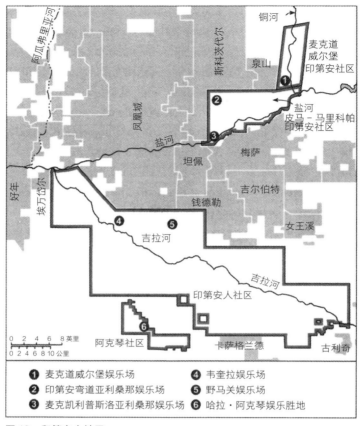

图 19　印第安人社区

今天麦克道威尔堡印第安社区西邻喷泉山。钱德勒和凤凰城
北邻铜河社区。阿可钦由铜河社区冲积，离凤凰城南边不足
20 英里。印第安社区实际是今天南部和东北部的增长边界，
是商业、工业和娱乐发展的主要地方，也是迅速增长的城市
环境中宝贵的开放空间，是居民最早的有意义记忆（图 19）。
不到 20000 人居住在保护地，土地总面积超过 475000 英亩。

盐河皮马－马里科帕社区租赁土地用于多种用途：文体馆、140 英亩的零售购物中心，工业园区，商店、加油站、咖啡馆，乡村俱乐部、18 洞的高尔夫球场，流动家庭公园以及斯科茨代尔社区学院。皮马人的传统是集体把土地遗留给子孙，增加了开发的复杂性。批准开发需要得到多数土地拥有者的同意，这个过程牵涉到相当数量的人。例如，每五英亩土地就有 88 个业主。[19] 文体馆由 250 人共有，需要集体决定才可获准开发。除了租赁土地进行城市开发获得收入外，印第安社区还受益于保护地企业的销售税，得益于社区成员的努力。在中心区域和新城市边缘发展中，盐河社区仍然保留历史农业特性为核心。肥沃的棉花田，翻土的拖拉机，为收获季节做好准备的农业设施，家庭以线性方式沿旧耕作道路组织。离繁华商店和斯科茨代尔中部高档餐厅仅 3 英里的地方是壮丽的绿地景观开放地，四周的山脉记忆着这里的农业史。

城市化最明显的影响是六个拉斯韦加斯风格的赌场（图 19）。1988 年，国会通过了印第安博彩监管法，州法律允许任何形式的赌博，也允许印第安人经营赌场。州长们被迫和印第安人谈判协议，如果不能或不愿意，他们会请中间人调停。凤凰城地区的印第安社区在 1993 年与亚利桑那州签署协议，随后办赌场。拉斯韦加斯的娱乐主要集中在市中心，与之相反，凤凰城集中在城市边缘。每天，成千上万的市民、郊区居民和游客到保护地赌博、吃饭、娱乐打牌。一路上，他们欣赏着灌溉农业风景和山区景色，凤凰城印第安聚落和农业遗产文化史在脑海里忽隐忽现。

城市中印第安社区越来越明显的特征是对地区水提出合法要求。根据 1908 年《联邦政府保护权利》的法律条文，印第安部落有权得到足够的水用于保护地，像铜河社区那样做灌溉农业。社区农业用水一直受到限制，其他用途开发土地的经济资源也受到限制。城市、农民、企业、印第安部落和州几十年一直争论一个问题：印第安人有权使用多少水，这对区域未来供水和发展造成很大的不确定性。1980 年地下水管理法要求开发商确保 100 年供水。铜河印第安社区索赔 150 万英亩呎（1 英亩呎 ≈ 1233 立方米），相当于亚利桑那中部工程的年平均流量。为免去未来诉讼的不确定性或损害未来增长的可能性，由亚利桑那州参议员约翰·凯尔斡旋双方商定了解决方案。该方案为铜河社区提供 21 亿加仑的水，主要用于农业，但部落可以选择返租水给亚利桑那州城市。协议提供给社区的水大约是亚利桑那中部项目凤凰城地区年度分配量的一半，加强了铜河社区在区域土地管理和城市发展决策中的重要作用。

保护地不断开发，非印第安人逐渐增多，印第安人身份的压力越来越大，他们很难保持印第安教育特性和公开表演各种风俗仪式。[19] 以盐河社区的景观为例，印第安人身份特征是体现乡土气息、社区随处可见皮马神印（Seh-huh），社区入口有迷宫山精神家园。皮马高速公路南北纵贯了保护地，高速公路立交桥装饰了几何图案，减声墙涂鸦着沙漠仙人掌、蜥蜴和蛇。蜥蜴和蛇对皮马人没什么特别意义，州际公路工程师在装修保留地的城市基础设施时需要采用更适合皮马人的文化符号。

城市和农场的交集地

在 20 世纪大部分时段，凤凰城的城乡生活和谐共存。灌溉的农业用地比炎热的市区地面更加凉爽舒适。农场附近有群山景观。城市居民在路边地摊购买生鲜农产品，乘骑附近马厩的马，歌颂春天橙花的香甜醇美，歌颂南凤凰城基线两侧日本花园的如画风景。最近在 1975 年，虽然如前所述的城市发展造成人口压力导致了很大的变化，但该地区仍有标志性的农业。（图 20）。

由于城乡之间失去了内在联系，一些地方的农民在大规模的城市化过程中寻找新方法保护农业传统。有个例子是吉尔伯特的墨里森家族，他们通过用快速农业方式（farming spin）开发新土地和住宅，农业牧场向城市过渡。像 20 世纪初的许多西方人，霍华德和丽萨·墨里森展示了华勒斯·斯特格纳所描述的滚石不生苔倾向。丽萨家在 1918 年她 13 岁时从俄克拉何马州的农场迁到了亚利桑那州。霍华德长她 5 岁，随后独自跟来。她 16 岁时，他 21 岁，他们在亚利桑那州佛罗伦萨的旧院落结婚，后来回到俄克拉何马农场。霍华德收到一封来自加利福尼亚州的兄弟的信，请他加入奶制品企业，他和丽萨搬到加利福尼亚州。在 1933 年的大萧条最严重时，霍华德和兄弟们失去

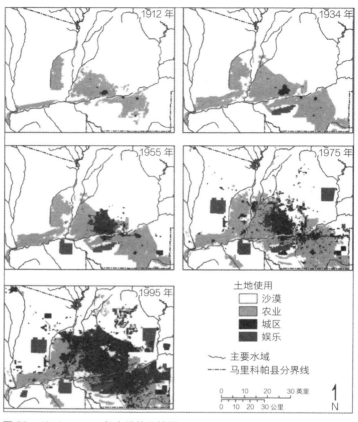

图 20　1912～1995 年土地使用转型

资料来源: Kim Knowles-yañez, Cherie Moritz, Jana Fry, Charles L. Redman, Matt Bacchin, and Peter H. McCartney, Historic Land Use: Phase 1 Report on Generalized Land Use, Central Arizona-Phoenix Long Term Ecological Research Contribution, Center for Environmental Studies, Arizona State University. Courtesy of CAP-LTER, ASU.

了生意，霍华德和丽萨装着 1000 美元开着雪佛兰卡车一路朝东奔向新墨西哥州的围垦工程。路上，他们停在吉尔伯特，与丽萨的家人一起过感恩节。她哥哥给霍华德找了份每周 9 美元的工作，还提供了一个住处。他们的三个孩子，马尔文、肯尼斯和贝蒂第二个周一上午就到学校报到，东谷的墨里森神话就此诞生。[20]

霍华德和丽萨种花养牛，最终有了自己的土地，用斧头和一个小型拖拉机在沙漠复垦。他们种植棉花，生产奶制品。马尔文和肯尼斯于第二次世界大战后接手耕作。墨里森牧场最终发展为几平方英里的农田，成为亚利桑那州最大的畜牧企业。2004 年肯尼斯去世了，但马尔文带着肯尼思的儿子格伦、孙子丹顿和达斯廷继续管理家庭农业、乳品和牛群。

家人意识到城市化在逼近，农场最终会被城市化，但由于马尔文和肯尼斯兄弟对土地和农耕生活方式有着深厚感情，他们希望尽可能长时间地继续耕种下去。子孙们尊重马尔文和肯尼斯的意愿，但心里明白牧场不会是他们的未来。有几个孙子任牧师职位。到 1980 年，城市发展逼近了墨里森农场边界，家族在新住宅区农耕，遇到的典型问题是邻居们抱怨空气中喷洒的农药、晚上耕作的噪声、散发气味的奶制品。拖拉机以每小时 22 英里的速度在城市交通要道行驶，干扰了附近的郊区居民。但家族还是坚持农耕，因为这是马尔文和霍华德生命的一部分，也是家族的身份。[21]

在 20 世纪 90 年代初，斯科特·墨里森，马尔文的儿子，也是牧师，从科罗拉多斯州普林斯返回，召集家族会议决定如何处理家族土地，因为土地在迅速被城市包围而无法在城市边缘区发展。家族决定把传统农业变成总体规划社区，不愿分块卖给土地开发商。家族避开土地开发商的标签，选择"土地规划者"、"社区开发商"和"总体规划社区创作者"。于是斯科特和弟弟霍华德、唐尼·斯图尔特（肯尼斯的女儿）把农事型的墨里森牧场转变成以农业为主题的总体规划社区。

在设想和实施墨里森牧场计划过程中，紧密团结的莫里森三代人说他们希望"能如父辈以务农自豪一样而自豪"。[22] 他们和典型的凤凰城地区土地开发商不同，家族亲自在这片土地劳作了 70 多年。农作和家庭史影响了墨里森牧场的外观和感觉。农耕主题以多种形式被捕捉体现。笔直的街道唤起农田的直线意象，代替了典型的郊区死巷（culde-sac）。遍地绿草传达了绿洲农场的绿意，落叶树反映了农业季节性。充足的开放空间展示农田景色，住户面朝主路，因为他们想看到工作时的农业景观。街道绿树成荫让人们记住 20 世纪前半期主宰河谷的运河景观。家族主题借鉴新城市主义的建筑和设计，前廊供孩子们玩耍，前院长满草坪，有自行车道，有孩子们探索的开放空间。墨里森牧场的发展是城市边缘不懈地挺进，穿越剩余耕地的结果，也是一个家族独立适应的亲身经历。莫里森家族绝不是寻常农家，他们过渡到土地开发，把家族历史刻印在开发项目上，举世无双。

随着土地价格上升以及出售压力增长，寻求保留农业生活方式的边缘农民采取"农家乐"补充他们的收入，"农业和娱乐的混合"。凤凰城的农家乐形式包括采摘西兰花、白菜和甜菜，销售食谱，举办烹饪班，农场参观，在郊区购物中心开农贸市场。女王溪的施内普夫农场在凤凰城中心东南 35 英里处，已经从一个传统的种植棉花、谷物、土豆的家庭农场变成一个"郊区"农场，特色商店里摆放着当地农产品和 T 恤衫。农场提供采摘桃园、宠物动物园、野餐区、游乐园以及各种各样的嘉年华活动，包括五月桃花节。美国雷电音乐节（Country Thunder USA）是为期三天的音乐节，有 10 万多名乡村音乐爱好者参加，几年前从施内普夫农场搬到佛罗伦萨峡谷月亮牧场（Canyon Moon Ranch）。

休闲车（RV）度假村和雪鸟（SNOWBIRDS）

农家乐、赌场赌博、乳制品品种、灌溉农业增加了新总体规划社区的奇异种类，有 250000～300000 的临时居民被称为"雪鸟"，每年冬天 1～4 月份住在凤凰城的边远地区。虽然很多雪鸟社区位于城市边缘，有些曾被遗忘而现在已牢牢嵌入城市肌理（urban fabric）。大多数雪鸟是欧裔退休夫妇，来自寒冷的加拿大、中西部和太平洋西北部；他们每年住在相同的休闲车（RV）营地、酒店、公寓、私人住宅或露营在空旷沙漠上同一块国有土地。根据环境，他们的休闲活动包括打牌、外出就餐、打高尔夫球、旅游和拜访家乡朋友。整个社区在秋季和初冬团聚，然后在春

在沙尘中安然无恙

天温度回暖时像候鸟一样解散。某些公园被称为加拿大人的家，其他则是伊利诺伊人的、俄亥俄人的和俄勒冈人的。城市边缘的廉价土地住宿价格保持低位。位置偏远让雪鸟们享受到沙漠和户外活动，避免了大城市生活的喧嚣。此外可以避免与非欧裔接触，除了如在赫德本土文化艺术博物馆或民族节日期间被打包在一起。说雪鸟们离城近也近，他们参加仙人掌联盟棒球春训、剧院就餐以及到天空港国际机场接朋友，说远也远，可在凤凰城独自忙自己的生活。

凤凰城地区 RV 人口约有 85% 集中在东梅萨和阿帕奇枢纽地区。[23] 多数是回头客，已来访过 5 ~ 6 次。豪华房车度假和旅行活动房（travel trailer courts）感觉完全不同，后者只能是点缀了美国的公路景观。事实上，这些度假胜地对雪鸟而言等同于总体规划社区。RV 度假提供社区感和休闲的生活方式。活动包括游泳、按摩、桑拿、网球、沙壶球，以及草地保龄球和掷马蹄铁。社区中心的特色有工艺美术、健美操、舞蹈、图书馆和大量娱乐活动。安全严紧，因为很多 RV 度假村有墙有门，有保安人员，并佩戴居住身份章。度假村营造了小镇气氛，传统的主要街道被社区中心取代，人口从 500 到 3000 不等，社会生活围绕薄饼早餐（pancake breakfasts）、特殊节日和假日晚宴。居民在度假村外有风险，他们主要集中在近邻和社区。具有讽刺意味的是，这些度假村使居民在冬季离开寒冷的北方，但在凤凰城仍离不开北方朋友和邻居。他们以非常程序化和熟悉的方式体验着凤凰城。

赌场和其他城市边缘商家迎合雪鸟们的所好。据估计，他们每年在当地花费近 10 亿美元。这一方面促进了当地经济的发展，但同时也对当地基础设施造成了压力，这些基础设施已被快速增长推到了极限。医院、交通网络、供水系统和污水处理设施必须建立，解决冬季明显大于全年剩余时间的最大值人口。雪鸟们成为当地的笑柄也让人担忧，因为他们有时不认路，哪家餐馆受欢迎就都挤在哪儿，开车速度慢，使已很堵的路变得更堵（图 21）。

图 21　1987 年 5 月的卡通讽刺一年一度的雪鸟迁徙。来自《亚利桑那共和报》

在沙尘中安然无恙

城市增长管理措施

政府授权凤凰城和亚利桑那州规划和管理未来发展，提出一刀切的理念，但他们不同意，不愿意为大区域利益牺牲自己的美国梦，在1996年到2000年间民众对一系列措施和立法建议就反应很强烈。20世纪90年代房地产繁荣导致新开发越过了101号和202号国道边界以及中亚利桑那工程运河。当地新闻撰文警告说，发展在以"一小时一英亩"的速度侵蚀沙漠。环保人士宣布，该是行动的时候了。按地方塞拉俱乐部桑迪·巴尔的话说："这可能是我们为亚利桑那州的未来和生活品质发起的决战。空气污染和交通拥堵很厉害，教育由于不受控制的迅速增长而恶化。许多地区的水供应超负荷，警察和消防服务力不从心。"[24]

1998年初，塞拉俱乐部地方分会开始了请愿活动，提出发展管理战略的一揽子计划，包括严格边界发展问题以及1998年11月的投票。由于未能达到签名数规定标准，开发社区和政治机构也激烈反对，该活动在夏天被叫停。同时，支持开发方与温和派选择与共和党领导人简·迪·赫尔站在一条战线上，游说州立法会通过精明增长项目——弱势的、自发的、具有地方性的管理项目。精明增长法案在1998年5月签署合法，要求城市采取总体计划保护开放空间、管理发展、规划环境和影响费。精明增长没有规定要选民通过，不制定规划也不受处罚。此外，像俄亥俄，法律中没有条文阻止其制定鼓励无节制增长的计划，也没有阻止其实施。

环保主义者们连呼不公平。发展管理措施公民（CGM）组织重新努力对发展管理措施进行投票，全州范围内收集了162000个签名。发展管理措施公民倡议在2000年11月投票，这被定为202号提案。环保社区、长期居民和关注生活质量问题如空气污染、交通拥堵和开发蔓延的新定居人士有望给予支持。令人望而生畏的长达21页的提案有条文规定，要求社区在2003年1月1日前采取选民通过的发展管理计划。计划将对10年的人口增长设界，提供框架收取新开发的全部成本。发展领域外的土地不可改用增加住房数量，不可增加不透水表面（impervious surfaces），住宅不可转为商用或工用。禁止农民在发展领域界外分化土地用于开发。地方政府无权扩大公共服务到界外，计划每10年需要公众投票通过一次。这个理念用于已开发区域的发展，使规划过程对公共投入更具责任性。

预料到要与环保人士对峙，共和党控制的亚利桑那州立法机关在2000年通过了精明增长附加案，强制执行早期立法。宣布议案已经回答了"城市蔓延所造成的许多问题"，赢得了"全州范围内反零碎规划、补贴发展和随意兼并"的战斗，赫尔州长签署法案为法律。精明增长附加案需要市县提交计划供选民通过，授权（但不要求）他们创造基础设施服务界限，限制没有长远规划的兼并，创造（但不提供资金）资金从私人所有者那里购买开发权。使问题更复杂的是，在2000年11月的投票中，支持开发的力量再一次提出城市土地措施。101 法律修正案为保护地预留了 3% 的信托土地用于州立学校。支持者认为，101 号提案将保护极为明显和环境意义重大的沙漠开放空间。批评者反驳说这样转移了 202 提案的注意力，给人的印象是该州在采取行动管理城市增长，事实上并非如此。

2000 年整个夏季，202 号提案得到公众的广泛支持，当时支持者的公众辩论整齐划一地（god-mother-and-apple-pie）围绕开放空间、有序增长和干净空气问题。7 月，开展了不受任何党派影响的全国性民意调查，调查显示，68% 的选民赞成；只有 17% 的人反对。但是，随着讨论的展开，日益清晰地看到城市规划者和环保主义者——202 号提案的支持者——无法对抗当地开发业。此外，凤凰城人不准备为该地区的幸福牺牲个人利益。运动的定义形象是一块电视广告地，特征是沙漠中梦想之家有一家人一直使用移动厕所。广告中年轻的儿子边被迫使用便携式厕所边抱怨"这不公平！"，因为根据 202 号提案，城市将无法对他家的新房提供服务。虽然运动长期恐吓和误导，但揭示出凤凰城人深层次的价值观，关于发展、私人财产权神圣不可侵犯性、地方控制、经济适用房和低密度的生活方式。

开发业持有反对意见，但却得到同道奇怪的附和。美国劳工联合会担心失去建设工作。流浪者与低收入家庭的支持者担心房价上涨。农民抱怨侵犯了财产权利，亚利桑那州城市联盟反对失去局部控制。州长利用了公众对高密度生活方式的担忧和对个人自由的关注，她宣称这一措施"剥夺了基本权利，强制拥挤生活方式，我们当时选择亚利桑那州就是想要逃离这种生活"。[25] 最后，选民相信严格的增长界限会导致激烈诉讼、失业、高房价和密集社区。这一措施被 70% 多的选民投票否决。选民也否决了 101 号提案，留出 3% 的最具特色国家信托用地为预留。目前尚不清楚选民是仅仅迷茫，担心钱被公立学校拿走，认为 3% 预留太小，还是被有争议的、有时是愚蠢的增长管理争论给弄晕了。

预留开放空间

凤凰城预留开放空间的记录可信度高，但目前真正考验该地区意愿的是保持与沙漠之根的连接。凤凰城南山公园占地 16000 多英亩，是全美最大的城市公园。土地逐渐累加开始于 1924 年，当时的本地杰出居民们在参议员卡尔·海登的帮助下，用 17000 美元向联邦政府买了 13000 英亩土地。1935 年，国家公园服务制定了公园总体规划，所有马道和远足径、野餐区和俯瞰区以乡村地区特点设计。在这个总体规划的基础上，许多公园设施由民间保护公司（The Civil Conservation Corps）建设。公园的游览已经从 1924 年的每月 3000 人次增长到现在的每年 300 万人次。[26] 20 世纪 80 年代末，城市努力用私有财产交换园区界内土地用作高尔夫球场，结果引发了舆论哗然，同时促成公民

在沙尘中安然无恙

采取措施禁止城市交易山地保留区的土地。

另外，家庭主妇、作家和环境活动家多萝西·"多蒂"·吉尔伯特也对预留工作做出努力。吉尔伯特生长在俄亥俄州克利夫兰。她年轻时喜欢马，努力学会骑马，还有了自己的马。刚成年时，她成了一名记者，先在《新闻周刊》，然后在《时代》供职。1941年，她嫁给了埃尔伯特·罗伊·吉尔伯特，一位化学工程师，土生土长的凤凰人。他们10年内生了3个儿子，并在1953年决定迁至凤凰城过日子。多蒂把对骑马和户外活动的喜爱与强大的杂志研究技能相结合，提倡保护当时正处在城市蚕食危险中的凤凰城山区荒地。她率先组织了草根凤凰山保护委员会，通过30多年广泛的通信沟通，说服凤凰城市议会以及州政府和联邦政府指定7000英亩的好地（prime land）成为凤凰山预留地。[27]

快速城市化和沙漠处女地开发增加了预留利润（stakes）。直到20世纪80年代，退耕的住宅建筑利益达到最大化。虽然今天也有非处女地沙漠开发，但大块的天然沙漠变成了住宅开发地，这个过程很艰难，因为新房建设需要大量刮擦和分级沙漠表面。沙漠在自然状态下流水需要很大的面积。沙漠土壤能吸收水分，但当它们被不透水城市表面取代时，径流必须引流到中心位置。广泛的分级使得沙漠表面只有少量的剩余空间。结果完全成了人工景观。房主和建筑商经常试图在前院重现沙漠，选择性地种植沙漠灌木和树木，然后浇水使之茂盛完美，创造"设计师的沙漠"景观。[28]

　　考虑到真正的沙漠景观对凤凰城身份的重要性，考虑到沙漠被消耗的速度，人们越来越关注城市边缘的国有开放空间网（图22）。问题是现行的州法律很难保护这些土地。建州时，联邦政府批给亚利桑那州1100万英亩土地。亚利桑那州为了未来几代人的利益信托了这些土地，而没有卖掉，这其中包括州立学校系统，许多其他州也都这样做了。从历史上看，国有信托土地的税收来源于牲畜放牧租赁。但最近，城市扩张大大增加了毗邻凤凰城和图森的几十万英亩土地的价值。销售和租赁是国有土地信托的主要税收。

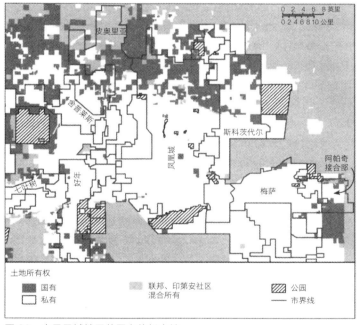

图22　大凤凰城地区的国有信托土地

大片大片的天然沙漠不仅对沙漠风光而且对野生动物提供了独特的保护。如此大的面积准确地传达了沙漠的广阔性和开放性。大片沙漠绵延起伏，沙漠动物可以自由地在四处漫游，其生物多样性比目前高度分散的山区保护网更高。这些土地对未来的亚利桑那州城市意义重大，却一直作为以市场价值衡量的经济商品，这个原则应该改变，州政府却动作缓慢。人们不认同国有土地是具有美学、社会与环境价值的公共产品的概念，不认同是加利福尼亚州海岸线逻辑等价的概念。传统主义者反对修改亚利桑那州宪法计划。环保主义者认为时代不同了，亚利桑那州现在高度城市化，沙漠具有生态、精神和审美价值，也有经济价值。

　　1996 年，亚利桑那州立法机构通过了一个温和法案，鼓励保护城市及周边地区精选的国有信托地地块。亚利桑那州保护措施组织规定，国家信托土地可以定为保护地，前提是可以"为土地的长期利益、受益人、承租人和公众保护自然资产……，保护独有资源如开放空间、风景美化、保护植物、野生物、考古和多用途价值。"[29] 只有纳入城镇的信托土地或人口超过 100000 人的 3 英里范围内的城市可以出于保护目的重新分类。还有，为了保护而预留的土地需要随后租赁或出售，满足国家为保护原始土地信托受益人集资的宪法义务。1997 年、1998 年和 1999 年的修改案适用范围从凤凰新城和图森扩大到比 1996 年的界限另多 10 英里以外的地方，建立一种公私配对补助金项目对收购或租赁国家信托土地进行保护。2000 年开始每年的预留只有 2000 万美元，在主要城市土地成本暴涨中微不足道。最近，图森产权方质疑项目的合法性，认为按照法律要求为预留出让的土地可能没获得最高价。整个项目目前已就绪，等待缓慢保守的亚利桑那州立法机关进行改革。在此期间，在大凤凰城北部和西部地区继续加快国有土地开发。

国有土地以创纪录的价格出售，城市无法和私人买家竞争。2004 年 5 月，CHI 建筑公司花 5600 万美元在皮奥里亚购买了 365 英亩土地，而普尔特住宅公司（Pulte Homes）斥资 9900 万美元在北凤凰城沙漠岭社区购买了 279 英亩土地。[30] 2004 年 5 月 27 日，格雷开发公司最后出价 3200 万美元在沙漠岭地区购买了 41 英亩国有信托土地。以每英亩 780500 美元的价格打破了以前的纪录近 30 万美元。由于保护项目改革在国家立法机构搁置以及房地产市场发热，城市很少有机会获得并保护国有开放空间网的战略地块。

有意义的改革是国土部努力出售信托土地，一次数百甚至数千英亩。通过大规模规划和提供土地，州政府能够更加促进有序增长，赚更多的钱，帮助保护开放空间。支持者们希望改革议案进入 2004 年 11 月的投票中，但亚利桑那州立法机构在其盘子上有更为紧迫的议题，很可能这一揽子计划要等到 2006 年的选举。改革议案由教育工作者、商界领袖、牧场主、开发商和环境群体联盟缀合；

立法者被告知改革议案不可有任何改动。立法机关犹豫不决，一揽子计划被搁置。

城市获取国有信托保护土地的一个例子是斯科茨代尔使用国有信托土地扩大麦克道尔山保护区，那是一块沿社区东北边的沙漠景观地（图23）。现有的保护范围为9825英亩，另外9975英亩曾经通过分区被分类为适宜保护或计划收购。2001年，城市寻求立即重新分类16000英亩国有信托土地，不仅可以扩大保护，而且确保连接两个主要部分的关键大陆桥。斯科茨代尔是富裕且政治强大的社区，得到当地环境和公民团体的支持，并利用其政治力量，由州参议员罗素·格南特提出提议。2001年8月，国土局局长米迦勒·安纳布尔宣布立即重新分类11290英亩，只作为开放空间进行契约限制保护，其中1630英亩不连续地块适宜于保护但没有契约限制，斯科茨代尔市随后收购。他还指定了3543英亩不适合保护，但可在未来收购。预计收购重新分类和非分类地块的成本在7亿美元到10亿美元之间。环保主义者拍手叫好，但担心这些非分类地块可能在城市还未来得及收购之前就被开发商抢购一空。政客们对此满意，但也担心未来的土地购置成本高。[31] 2004年，斯科茨代尔通过公投提高国家信托土地的销售税，但城市放弃再购买，希望改革方案回到正轨。随着信托土地走向未来增长，一些开发商越过边缘，为新发展购买更便宜的地块。搁置鼓励了跳跃式不协调发展，危害了城市保护开放空间的努力。

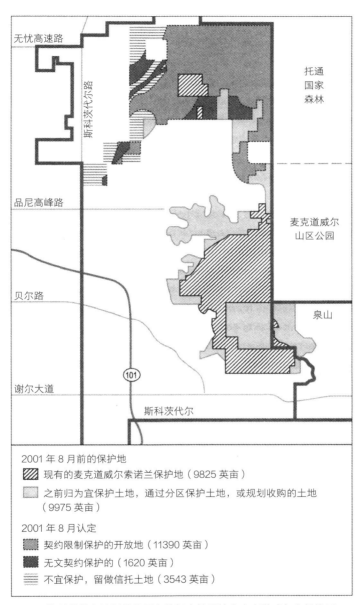

无忧高速路

斯科茨代尔路

托通
国家
森林

品尼高峰路

麦克道威尔
山区公园

贝尔路

泉山

谢尔大道

101

斯科茨代尔

2001 年 8 月前的保护地

现有的麦克道威尔索诺兰保护地（9825 英亩）

之前归为宜保护土地，通过分区保护土地，或规划收购的土地
（9975 英亩）

2001 年 8 月认定

契约限制保护的开放地（11390 英亩）

无文契约保护的（1620 英亩）

不宜保护，留做信托土地（3543 英亩）

图 23 斯科茨代尔计划获得国有信托土地以扩大麦克道威尔山保护区

环境脆弱土地条例

斯科茨代尔率先制定政策在较小的分社区层面保护环境脆弱土地。1974 年，社区通过山坡条例，禁止开发 25°以上的山坡。这是为了解决山区的排水问题以及防止开发山顶。条例几乎立刻受到当地白酒经销商肯珀·马利和他的女儿乔伊斯·科里根的质疑，他们在北斯科茨代尔拥有8000 英亩土地。马利和科里根认为此条例侵犯了他们的发展权，使他们 76% 的财产变得无用。他们在法庭诉讼中败诉，但提交上诉至州法院，1986 年又被提交至亚利桑那州最高法院。斯科茨代尔重新考虑规划，寻找方法在没有非法阻碍发展的前提下限制开发脆弱山地。斯科茨代尔市议会在与众多利益群体进行广泛讨论并拟定若干草稿后，1991 年通过了环境脆弱土地条例（ESLO）指导城市北部的发展。[32]为了绕过前面条例的宪法问题，环境脆弱土地条例允许任意开发，但地块密度由土地地形和环境特征的准则决定，包括陡峭的斜坡、洪水灾害、不稳定土壤、巨岩石露头。环境敏感土地条例允许密度转化，部分性能间转变。开发商可以获得密度激励，如果他们同意保留陡峭山坡和其他脆弱地区的开放空间，就允许在较平坦地段多建房。批评者认为，斯科茨代尔和其他执行坡面条例的城市往往允许开发商信贷那些陡峭到无论如何都不能建房的空置面积，而且建筑密度也不适合脆弱的自然环境。开发商反驳说创意性执法允许更多土地得到保护，否则将被开发得不堪入目。[33]

批评人士还指责城市在执法现有条例过程中存在过失。具有讽刺意味的是，许多投诉来自居住在没有违法的下坡区的有钱富裕居民。2002 年有个案例，独占阿瓦图科山麓社区的居民施压凤凰城，叫停他们家上方的一处宅子施工。一位邻居说："过去看着很自然的山脊线，现在看起来好像有人用推土机铲掉了顶部，被夷平了"。反映了凤凰城土地开发的态度：人人为己，房主反驳说："也许我无知，但我明白永远不会对住在下方的居民做什么。" [34] 最终凤凰城允许房主继续施工。

凤凰城新土地开发的中心悖论是如何保护个人和企业的基本权利，使用他们认为合适且能带来收益的土地，以及如何维系所有凤凰城人的生活质量和沙漠开放空间。城市有长期合作共同行动管理供水的历史，接受甚至请求联邦政府帮助建立盐河－铜河大坝和中亚利桑那工程。普遍认为联邦保护该地区的地下水源是良好的公共政策。当时的这套长期合作共同思维从未转变为土地开发。随着地区城市化，发展边缘区成为区域经济繁荣的主要动力。重点放在开发新土地满足开发产业对利润的追求，满足个人拥有住房的梦想。行政机构理解凤凰城的本质，拥有无限机会和未来。探索持久土地开发政策之路不会一帆风顺，这与凤凰城最有特色的两点背道而驰：不惜成本地发展和对沙漠的爱。这就要求凤凰城人在区域层面行动时，以更小规模定义他们的场所感（sense of place）。这在前一章我们已经看到。

第 5 章

不做洛杉矶的翻版！

汽车旅行与凤凰城的低密度建筑环境密切关联，但既不是单向性，也不是简单化。汽车使居民和企业向外扩展，而低密度建筑环境又进一步依赖汽车。凤凰城规划的轻轨系统甚至认为人们会开车去车站，停放车辆后换乘公共汽车进城的方式便是该系统的一个重要特征。但是如果就业住宅合理分散，低密度住宅就不需要远程上班。城市形态低密度，加之住宅与就业地不协调，导致凤凰城通勤时间越来越长，通勤距离越来越远。

汽车就像 100 年前的有轨电车一样，是今天凤凰城建筑环境中非常重要的一部分，当时鉴于有轨电车开发了许多具有城市特色的居住区。凤凰城 1 英里宽的旧农业服务路网为今天的司机提供了巨大的灵活性。宽敞的街道商铺随处可见，如快餐店、汽车银行、自动取款机、干洗店、白酒店等，专门规划出为汽车人服务。若干英亩大的沥青停车场建在购物中心、电影院和办公楼周围。凤凰城人依靠汽车出行，到达就想就近免费停车。

早期汽车路线和建成环境围绕汽车出行设计，但凤凰城的高速公路系统在全国几大都市中完整形成最晚，可能过多接受了"我们不要做洛杉矶的翻版"的思想。公共话语三句不离洛杉矶风格发展模式和洛杉矶交通问题困扰，好像不同于洛杉矶就是凤凰城的未来路线图。[1] 1985 年，大都市凤凰城有 42 英里的高速公路，英里数在大都市中排名倒数。[2] 最近，高速公路系统已升级，但该地区在使用高速公路日常出行方面将可能永远不是大都市圣地亚哥、洛杉矶或旧金山的对手。致密化规划是 2008 年计划开始运行的轻轨系统，有趣的是，100 年前有轨电车流行时建立的社区享受到了服务。

交通技术、城市形态、建筑风格

美国城市的增长模式有四个时期，流行的都市内出行方式不同：（1）1800～1890 年的出行靠步行和马车；（2）1890～1920 年之间出行靠电动有轨电车；（3）1920～1945 年之间出行靠休闲汽车；（4）1945 年到现在出行靠高速公路。[3] 每个时代的独特空间结构快速进行地理重组，伴随着每次的技术过渡。今天的美国城市进化组合了运输时代的增长模式和建筑风格。第二次世界大战后汽车很流行，凤凰城发展很快，专门为汽车设计空间结构。1880 年，步行时代即将结束，相比于 190 万的纽约市人口，凤凰城在地图上只不过是一个不足 2000 居民的小点儿。1900 年，有轨电车鼎盛时期，纽约人口超过 300 万，芝加哥达到 170 万，凤凰城差不多 5000 人。毫无疑问，凤凰城的建筑环境、城市形态和交通需求与早期交通运输技术时代的城市有所不同。

1880 年，凤凰城是一个步行城市，但今天几乎没有遗留任何那个时代的物像，这点比不上纽约或波士顿。沿华盛顿路从 4 街到第四大道，沿中央大道从杰弗逊路到梦露路，城市紧紧集中在一起。楼房与街道平起，小房子冲着后巷。早期定居者的建筑土坯结构属于民间风格，土坯是一种当地泥土制成的太阳干砖。土坯房夏凉冬暖，沙漠西南部的居民们使用了很久。土坯材料便宜，木材、玻璃等进口建筑材料昂贵。保存最好的早期建筑是查尔斯·特朗布尔·海登的家和商店。目前是坦佩市中心的蒙蒂拉卡萨维嘉（La Casa Vieja）餐馆，这种结构是盐河流域现存最古老的欧裔建筑。像典型的西班牙庄园一样围着一个大天井（现已封闭），"老房子"是平层楼建筑，低矮平顶，位于 1 街和米尔路。是海登的家、杂货店和家族跨盐河的渡轮服务总部。早在 20 世纪，海登的女儿在那里开了一间茶室，但在大萧条期家族失去了建筑。1956 年，明尼苏达州的里昂那德·蒙蒂将其收购，他在战争服役后搬到了该地区。蒙蒂清理了旧建筑，完整保留了其大部分的历史，并开了一家餐馆，仍然是由他的家族掌控。[4] 蒙蒂拉卡萨维嘉餐馆装饰简单，但功能架构展现了那个时代西部城镇常见的粗糙外观。

1887 年有了铁路，世纪交替时的现代化与繁荣导致了 1885～1900 年之间稍纵即逝的维多利亚建筑期。铁路为本地建筑师进口建筑材料提供了方便，包括玻璃、压制金属和铸造金属、预制元素以及各种各样的木材。凤凰城地区的维多利亚建筑受了加利福尼亚州的影响，加利福尼亚是凤凰城的经济合作伙伴、凤凰城早期移民来源地、凤凰城未来发展追求的模式。优雅的维多利亚家园，绿树成荫的街道，配套的电力、电车、电话等服务，在欣赏者的笔下凤凰城成了精致、进步、现代的美国小镇。草坪和铸铁草坪装饰栅栏取代了早先沿人行道而建的土坯墙。凤凰城的维多利亚皇冠明珠位于 6 街和梦露路的罗森宅院，由当地医生和他妻子于 1895 年花 7525 美元兴建。这是当时凤凰城最令人向往、最流行的社区。罗森一家从 1895 年到 1897 年拥有这套房子，之后卖给了凤凰城的一位商人。房子多次易手，转为公寓，直到 1970 年被凤凰城以 80000 美元购买。最终被凤凰乙级联赛重新装修成为今天的城市文化广场修复工程中心。不幸的是，许多维多利亚建筑为了后期发展被拆除；今天全城留存的不足 50 处。[5]

凤凰铁路公司是由摩西·黑兹尔坦·谢尔曼将军（General Moses Hazeltine Sherman）开办，他是一位企业家、房地产开发商和城市早期的精英。1853 年谢尔曼出生在纽约州，在普雷斯科特镇学校做教师和管理员，后被任命为本地的教育监督。1883 年，州长任命他为亚利桑那州的副将军，帮助组织了该州的民兵组织。他喜欢

"将军"称号，在后来的商业生涯中一直使用。19世纪80年代初期谢尔曼迁到凤凰城，在亚利桑那州运河公司发挥了积极作用，1884年成为凤凰流域银行的首任主任。他在凤凰城买地卖房，1887年开始沿着华盛顿路的14个街区经营骡拉电车。1888年延伸到格兰路，到1892年有8英里轨道和5辆车在运行（图24）。马车时代结束时，凤凰城的规模已略有扩大。回头看，很明显马车只是权宜之计，只给城市带入少量新土地。马容易生病且跑不快，无法显著扩展城市的地理界限。

谢尔曼将军于1893年安装了第一个电动汽车，之后住宅发展迅速向外蔓延，从历史市中心到相邻农村。《凤凰公报》宣称"凤凰城永远在前进，一旦取得一个伟大成就马上寻找下一个……难怪成百上千的人汇集到这里，填满这座美丽城市的每一间房。"[6] 电动汽车是火车速度的3倍，达到每小时15英里，新住宅区超越了原镇址。北线创建并扩展，到1916年形成广泛的公共交通服务网服务城市。有轨电车的城市形式一般对应公交线路网，向北沿3街扩展至弗里蒙特路，就在印第安学校路南。市中心南易遭洪水淹没的低洼地区没有线路，居住着城市的少数族群居民。[7]

德怀特·班克罗夫特·赫德集中体现了这个时代激进的土地巨头形象。赫德高中毕业后从马萨诸塞州的韦伦移居到芝加哥。他开始在哈伯德工作，就职于全国最大的五金批发公司斯宾塞巴特利特公司，真价五金公司（True-

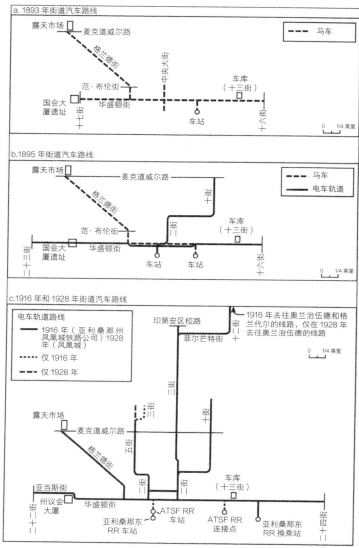

图24　1893 年、1895 年、1916 年和 1928 年的凤凰城街道铁路。根据杰里·W·阿比特的《太阳谷历史变迁》(凤凰：变迁系统的凤凰城，1990)，12,14

Value Hardware）的前身。赫德成了阿道弗斯·巴特利特的门生，后来在 1893 年娶了巴特利特的女儿迈尔。一年后，小两口向西迁移，希望温暖干燥的气候会治愈德怀特·赫德的肺病。1895 年，德怀特和迈尔·赫德定居凤凰城，迈尔开始了终身的文化艺术创作。德怀特在岳父的支持下，投巨资于凤凰城地区。1900 年，巴特利特 – 赫德公司在南凤凰城购买了 7500 英亩土地，养原牛，种植棉花和苜蓿，以及橘子和葡萄柚树。[8] 他们还在市区北购买了 160 英亩土地，发展成了独特的分部，取名洛斯奥利沃斯，德怀特和迈尔还在此地建了自己的家，取名卡萨布兰卡。许多有钱有影响力的投资者在访问凤凰城期间待在卡萨布兰卡。赫德是西奥多·罗斯福总统的私人朋友，他说服罗斯福凤凰城是大型复垦工程的理想场所，就是后来的罗斯福大坝和盐河大坝（Salt River Project）。作为帝国的缔造者和引西部风景入凤凰城商业圈的代表人物，赫德的传记很符合前面提到的芝加哥人特征。

谢尔曼将军的有轨电车促进了新住宅区向北发展。高地的土地不再受零星的盐河洪水冲击，夜晚的清凉微风沿驼背山坡而下，凤凰印第安学校于 1892 年在中央大道和印第安学校路开办。那时候，凤凰城印第安学校提供廉价劳动力，开办乐队音乐会，上演戏剧和其他娱乐活动。沿灌溉河渠大量种植遮阴树也增加了北部的吸引力。[9]

今日凤凰城历史居住区的精华（gems）追溯到这个时期，即城市精英和中产阶级搬离拥挤、文化多元、易发洪涝灾害的市区，迁入北部相邻的农田区。位于中央大道以西麦克道尔路和托马斯路之间的柳树社区的第一分区在1901年交付使用，凤凰铁路公司在1910年增加凯尼尔沃思线路，方便中央大道西侧的居民后，社区飞速发展。凯尼尔沃思线路途径第三大道、恩坎托路、棕榈巷路南、第五大道西、第二大道东，再向南向东到2街和华盛顿路（见图21），全程4.07英里、约30分钟。[10] 罗斯福路和麦克道威尔路之间的第七大道西的F. Q. 故事小区（F. Q. Story Neighborhood）设计为市中心专家的静居处。许多房屋建于复兴风格流行的20世纪20年代，社区街景保留宽阔的人行道和棕榈树，20世纪初建筑师设计的家与家之间留有宽阔的空间。[11]

麦克道威尔路以北和7街以西，现在的科罗纳多大部分社区一直到20世纪30年代仍是奶牛场，20世纪初开始建房。由于靠近市中心，科罗纳多为凤凰城人提供了适度的工薪阶层住房。20世纪20年代，开发商们沿10街修建了一条无轨电车线路以激励快速发展。有个早期的社区协会叫作赫尔利·海茨，非常严格，只允许白人居住并要求所有家庭财产价值不少于4000美元。居民住宅建筑在20世纪20年代繁荣起来，大萧条早期又平静了一段，但半定制家庭(semi-custom homes)住宅地段仍在销售。住户可根据模式或风格说明书从中选择每个住宅的组件。这就是为什么分社区许多家庭的面积和地板都类似，但从外看却完全不同。萧条时期流行使用后院客房，困难落魄的房主搬进了客房，出租主卧，一直到经济状况好转才有所改变。科罗纳多流行平房风格，但有的社区也有很好的西班牙殖民复兴建筑、英国乡村风格建筑和早期西部牧场风格建筑。[12]科罗纳多和其他历史街区在20世纪五六十年代陷入了困境，那时的人们青睐郊区生活。最近人们重新返回了这个靠近市区的地方，对于凤凰城历史上的老式品质、独特的建筑结构以及名胜，城市专家新创意团队给予了评价。

凤凰城人热情欢迎汽车时代的到来。第一批汽车出现在1900年的夏天，到1913年镇上有10个汽车商和646辆汽车，到1920年有11539辆汽车，到1930年有53064辆汽车——每3人一辆。[13]凤凰城平坦的地势和坚硬的河床土壤非常适合汽车行走。汽车使占县人口2/3的乡下农民即使在路未铺好的情况下也能往返于城乡之间。市政官员立即接受了汽车这个新生事物，因为凤凰城的时尚、进步、希望需要汽车。市长劳埃德·B·克里斯蒂在1910年组织了凤凰城的铺路协会，这是城市美丽运动的一部分。两年后，19个街区满是灰尘的街道都被铺好，次年3月，原城镇所有的街道被铺平。到1929年，86英里的柏油公路几乎连接了凤凰城的每个社区。[14]

汽车是谢尔曼将军的有轨电车的强大竞争对手，最终他把有轨电车出售给市政。有轨电车系统只有短期利润，20世纪20年代急切需要修理。谢尔曼迫于当地监管机构亚利桑那公司委员会的压力，在轨道之间铺设路线。委员会还不允许他为提高利率而放弃无利可图的线路。作为私人企业，铁路必须纳税。谢尔曼在 1925 年 4 月宣布 10 月底停止运营，1925 年 5 月出售。市政还价以 20000 美元的"垃圾价"购买了该系统。着实让市政官员大吃一惊的是谢尔曼接受了还价。收购后，市政在 1925 年 10 月来不及进行维护。[15] 凤凰城快速通过发行公共债券修复破旧铁路，从美国圣路易斯汽车公司购买了 40 座新布里尔电车。利润有了回报，1929 年该系统以 5 美分的票价搭载乘客 670 万人次，总收入 298000 美元。[16]

有轨电车线路运载许多工人进城，但更有钱的凤凰城人选择自己开车从边远的家中出发。20 世纪 30 年代，德怀特·赫德在被称为手掌地（Palmcroft）的建成区开发了著名的新社区，结合了城市美化运动的许多方面。手掌地后来合并了坎恩托公园边上的恩坎托社区，是当时凤凰城的边缘。公园有水路、船和威尼斯气氛。恩坎托 – 手掌地社区成为凤凰城最时髦的街区，绿化率高，建筑具有西班牙和地中海风格。[17] 今天仍然在内城最负盛名，是市中心的律师、企业高管和社区领袖的家。

大萧条早期的动荡期后，无轨电车出现反弹，因为许多凤凰城人仍然依靠公共交通工具上下班。为了适应由于高失业率导致的日益减少的载客量，城市在 1931 年提高了票价，从 5 美分提到 7 美分并削减服务。1932 年赞助骤降至 350 万美元，收入降到 156000 美元。[18] 票价又从 7 美分降到 5 美分，增加了载客量，1933 年经济好转才恢复了营利。公共汽车作为支线被引入街道轨道系统，因为比无轨电车噪声小，且能更好地服务于新开发的郊区。在大萧条后几年和第二次世界大战期间，综合公共交通系统公共汽车和无轨电车运载凤凰城人上班，为城市严重枯竭的金库注入大量资金。1938 年运载 760 万人次，1943 年运载 1800 万人次。虽然汽车已经开始填补无轨电车和公交线路之间的空白，但城市还是相当紧凑。

战后的繁荣给马里科帕县带来大量的高速公路网，支持者声称所有农场都离公路不到 2 英里。城市开发进一步向外扩大，也继续在旧的电车线之间见缝插针。主宰这个时期的建筑是牧场式住宅，萧条期起源于加利福尼亚。简单、成本低深受退伍军人的欢迎。这个风格结合了新提供的 VA / FHA 贷款项目的设计和建设标准。退伍军人不用首付就可以购买一个牧场式住宅。结果由约翰·F·隆和其他人开发的牧场风格住宅分社区迅速推动了城市向外发展，对汽车的依赖也在增长。

城市在发展，有轨电车的资助在下降，美国许多城市都这样。更有效的汽车推动郊区化蓬勃发展，人们需要更方便、更私人化、更灵活的运输方式，全美的公共交通开始不景气。1945 年公共交通运载了国家城市客运里程的 35%，1950 年是 18%，1955 年是 10%，1960 年是 7%，比今天小 2%。[19] 凤凰城在 1947 年和 1954 年之间，乘客流量下跌超过 50%，从 1900 万降到 900 万。电车服务于 1947 年停止。监管压力进一步削弱了凤凰城公交系统，因为亚利桑那州立法机关在 1947 年不允许扩大私人运营商已服务地区，从而切断了潜在获利的通道。[20] 由于客流持续下降，利润蒸发，公交系统在 1953 ～ 1954 年不再营利。

政府官员、社区领导和当地媒体并不同情苦苦挣扎的公共交通系统。在《亚利桑那州共和报》出版商尤金·普利亚姆的催促下，系统在 1959 年 4 月卖给了 L·A·谭纳——私人巴士河谷运输公司的老板，讨价后以 40 万美元成交。[21] 谭纳面临的结构问题和城市一样——汽车竞争加剧，城市蔓延，个人交通模式不断变化——河谷运输公司和其继任者美国运输公司都未能在公交系统管理营利。他们提出公共补贴的请求，市政厅却置若罔闻，1971 年私有化的公交公司宣布停运。城市寻找解决方案并同意接受所有权，由美国运输公司负责管理。

凤凰城高速公路建设开始得很晚，1960 年黑峡谷高速公路开通，从市区向北 7 英里，1968 年马里科帕高速公路向东开通。尤金·普利亚姆在当地带头反对高速公路，他就是游说城市剥夺公交公司的那个人。普利亚姆冬季长期待在凤凰城，1946 年购买了凤凰城的两家报纸，《亚利桑那州共和报》和《凤凰宪报》，并从印第安纳州搬到天堂谷一个郊区高档社区，倡导政治保守主义和商业发展。20 世纪 70 年代初，市政官员和市区商业机构提议建设内环，从黑峡谷高速公路南端穿过凤凰城中部，当时普利亚姆的报纸给予反对，理由是花费太大、过分控制华盛顿路、没必要分离城市。普利亚姆说洛杉矶高速公路系统一团糟，告诫读者不应在凤凰城重演。高速公路的早期版本需要极不入眼的 8 层高架结构穿过中央大街，但后来的实际版本被缩减了。当地选民在 1973 年 5 月 8 日否决了资助这条高速公路，但内环的想法还在。重铸地下结构，内环最终由选民在 1975 年通过，普利亚姆在此之前就去世了。[22]

尽管迫切需要改善内城循环，内环结果却是历史社区的灾难，设计的路线穿过了城市的住宅核心。1974～1975 年间 600 多座历史住宅和两个考古遗址被拆除。凤凰城企业社区和人们都注重未来，更关注缓解拥堵保持经济增长，而不重视保护城市的集体记忆和历史的连续性。然而，城市遗址被大面积破坏，高速公路不雅且嘈杂，历史社区不断贬值。当地人认识到了保护历史的重要性。1979 年，国家历史保护办公室和亚利桑那州交通运输部把几个突出的结构和部分社区归类为有资格列入历史性地方国家登记档案。这需要改变高速公路线路，以保护凯尼尔沃思学校和其他几个重要的历史地标。[23]

凤凰城高速公路建设启动得晚，错过了 20 世纪五六十年代慷慨资助联邦州际公路的机会，不得不重新寻求地方资金资助高速公路。20 世纪 80 年代早期，商业社区坚定地支持高速公路建设，认为交通拥堵是未来增长的危险因素。1985 年 10 月，凤凰都市商业议会提出公众倡议集资 233 英里的高速公路网、林荫大道和改善公共交通，1985～2005 年采用半美分销售税，估计可额外获得 58 亿美元的销售税收入。这一倡议被称为 300 号提案，以压倒性多数通过。

20 世纪 90 年代初，300 号提案资金很显然不足以资助所建议的系统。80 年代末和 90 年代初经济不景气导致销售税收入低于预计，公共要求升级设计，成本随之增大。原来的想法是开辟林荫大道，改善交通流量，加设交通灯。建议公开后，公众要求全方位设计高速公路，要求更多通行权，14 条高速公路之间完全对接。1994 年 11 月，马里科帕县再次找选民，要求选民通过提高销售税半美分议案，并把 300 号议案的资助从 2005 年延长到 2015 年。这次民众说了"不"。主要原因是 1985 年的措施失信，民众认为土地投机商利用通行权过度营利。但是，商界领袖和政府官员公开担心流动性不足将阻碍该地区的未来发展。

州长法伊夫·赛明顿提供了帮助，他曾经是房地产开发商，理解凤凰城，认为凤凰城的发展势在必行。赛明顿提出从高销售税预算中得到更多资金，再从马里科帕政府协会（MAG）联邦基金拨出一部分用于高速公路和亚利桑那州运输部的预算储蓄。1999 年，国家立法机关另外提供资金，加快 233 英里的系统建设，资助到 2007 年年底。现在（2005 年）几乎完成了集资修建，高速公路系统应该有一个外围带，一个绕市中心内环，多条东西向和南北向大道横穿市区（图 25）。2004 年 11 月，马里科帕县选民同意销售税再延续 20 年，资助区域交通规划，包括新扩展的高速公路发展、改进主干道、扩展已经运行的轻轨系统。

高速公路建设极大地影响了当地出行模式，主要是干道与高速公路间的流动交通。高速公路日车辆行驶里程（DVMT）从 1982 年的 300 万提高到 1999 年的约 1700 万。

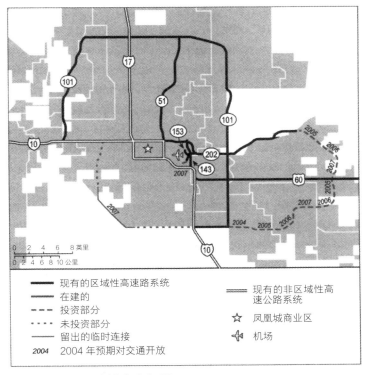

图 25 现有的和规划的高速路系统

20 世纪 80 年代末到 90 年代末，新高速公路开通，收益
激增。凤凰城地区高速公路 DVMT 的百分比从 1982 年的
10% 增加到 1999 年的 31.8%。尽管如此，在近期的高速
公路建设风暴中，凤凰城继续滞后于同行。1999 年，凤凰
城比除迈阿密以外的任何主要城市的高速公路英里数都少，
高速公路系统的日车辆行驶里程也比除芝加哥以外的任何
一个大城市的 DVMT 比例小。西部城市的高速公路出行比
例往往较高，圣地亚哥、旧金山、西雅图、洛杉矶、达拉

不做洛杉矶的翻版！

斯、丹佛和休斯敦分别为 55.1%、53.8%、47.7%、45.1%、44.5%、40.2% 和 40.1%。[24]

人们日常生活中关心的不是高速公路有多少英里长，运载量有多大，而是此地到彼地需要多长时间。像其他美国大城市的居民一样，凤凰城人也面临日益严重的交通拥堵。一个重要指标是高峰和非高峰时段出行的时间比。2002 年，全国都市地区高峰期比非交通高峰期在给定的距离内所花的时间多 35%，1982 年是 12%。[25] 尽管凤凰城大规模建设高速公路，指数从全国平均水平的 12% 上升到 35%。司机从辅路（surface streets）上高速公路，而新建的高速公路并没有降低凤凰城的拥堵。不过，如果没有新建高速公路，拥堵会更严重，高速公路的建设的确阻止了拥堵恶化。有的城市基础设施建设没有跟上人口增长的速度，交通拥堵比凤凰城更严重。以圣地亚哥和波特兰为例，指数上升了 33 个点，西雅图 28 个点。洛杉矶到目前为止是全美最拥堵的大都市，在 2002 年高峰时段比非高峰时段出行所需时间超过 77%。[26]

城市村庄与就业模式

住宅蔓延本身并不能构成远距离出行和严重的交通拥堵。如果工作单位分散，人口也可以相应地分散在工作单位附近。长时间远距离出行的问题主要源于工作单位和住宅区分布不匹配。这是凤凰城 1979 年的记忆，当时采纳了城市村庄的未来发展模式，毫无保留地放弃了建设中心就业、郊区住宅的单体城市（single city）。如果不这样，凤凰城会被划分为更小的地理社区，达到理想的职住平衡，增加核心密度，满足居民连接可识别位置的需求。村庄中心会集商贸购物、休闲、娱乐、工作生产活动于一体，人们就住在附近。自从 1985 年采纳了凤凰城总规划，在原有的 9 个村基础上又建了 6 个村（图 26）。村庄规划委员会由市议会任命，他们就村庄密度和村庄分社区特征向规划委员会提出建议，帮助确定未来的方向。

这个主意听起来不错，但城市村庄更多地存在于人们的大脑里和市政厅规划者的地图上，而非生活和工作在那里的人们的生活里。绝大多数的凤凰城人不知道他们生活在什么村，他们定期跨过村界上班、购物、娱乐、看医生和去教会。[27] 只有 17% 的城市居民在家乡工作，14% 的村庄岗位由住在那个村子里的人承担。即使在有大量就业机会的市中心街区，就业和住房的匹配度也很弱。中心城市和南山村的工作只有 15% 由生活在两个社区的任意一方承担；住在凤凰城其他地方的人承担 39% 的城市工作，但 45% 是郊区人。[28] 这种不平衡体现在凤凰城新移民的工作和住房模式上。墨西哥移民绝大部分被隔离在市内和西边社区附近，但他们在城市周边地区的建设工地做工，在服务业当管家、管理员、厨师，在农场当农工，在有钱人家当女佣、保姆、园丁。同时，市中心的行政、法律和政府工作由来自边远地区的人干，只有少数专业人士住在

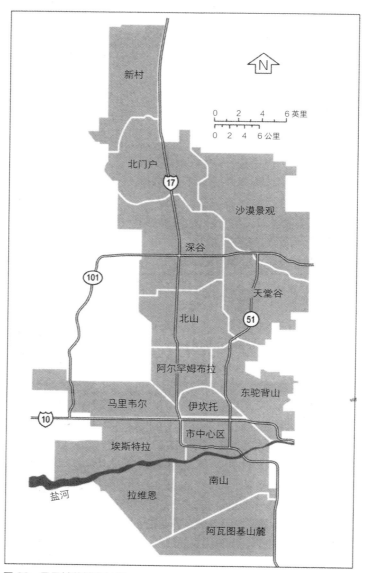

图26 凤凰城的城市村庄

　　　　　　　　　　　　　　　　　　　第5章

附近的历史街区和市中心住宅发展区。

虽然凤凰城的上城和下城仍有大量的区域性工作，但明显地分散在几个走廊：向东沿著名的驼背山走廊，继续向东过天港国际机场进入坦佩，沿I-10高速公路到图森，向北沿I-17走廊到弗拉格斯塔夫（图27）。新办公楼和零售综合楼在I-17和101环高速公路交叉口，按照边缘城市

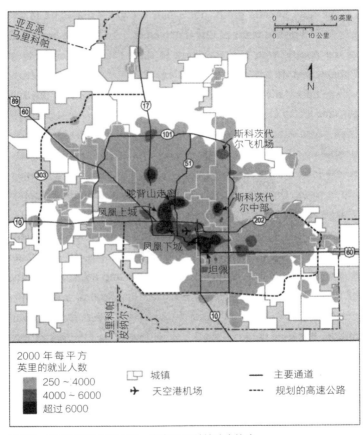

图27　2000年就业集中度。来自马里科帕政府协会

的经典时尚在发展。虽然斯科茨代尔中部仍然是一个重要的就业地，但城市重心正在向北移到斯科茨代尔机场地区。

斯科茨代尔机场开发是城市边缘发展的警世传说，能让工作单位接近住宅区从而减少长途通勤带来的麻烦。实际上，斯科茨代尔机场发展不仅没有减少一般的上班旅程，反而因为与附近住宅发展不协调导致了长途通勤。机场本身可追溯到第二次世界大战，当时第二雷鸟机场是空军飞行员的训练基地。后来的业主合并了亚利桑那州立师范学院（现在的亚利桑那州立大学）、亚利桑那州基督福临安息日会议厅和现在的斯科茨代尔市。机场为繁忙的管理人员提供方便，提供便捷的国内外旅行，刺激周边商业区发展、开发零售业和度假胜地。今天，斯科茨代尔机场地区是都市第三大工作集中地，位居凤凰城市中心和天空港机场地区之后。[29] 它是 25 个国家或地区的公司总部和 1800 个中小型企业的所在地。附近有该地区两个最大的度假村，以及高端零售和办公空间面积超过 40 万平方英尺的卡尔兰公地露天购物中心，进一步提高了地区吸引力。

2002 年有个问卷调查，机场企业为什么选择机场为业务点？ 60% 以上的受访者表示那里是业主和高层管理住宅区，另有 27% 说想接近客户群，只有 2% 说劳工方便。[30] 位置的确对居住在附近的需要通过机场往返于纽约和其他城市做业务的企业高管们是理想之地，但许多中低收入的工人负担不起斯科茨代尔的超常房价。斯科茨代尔的独户新房均价是 267000 美元。[31] 根据常用的经适房措施，典型的斯科茨代尔居民只能付得起一套新房53%、二手房78%的按揭款。许多机场工人住在凤凰城中部,穿越城市通勤到北斯科茨代尔上班。[32] 跨镇公交出行冗长累赘,加剧了空气质量和拥堵问题。机场跑道劈开了机场的地理布局,在关键十字路口造成瓶颈,阻碍了交通。

凤凰城远距离通勤也因为某类型企业的定位性倾向。有个例子是电话呼叫靠近高速公路(图28)。呼叫中心后

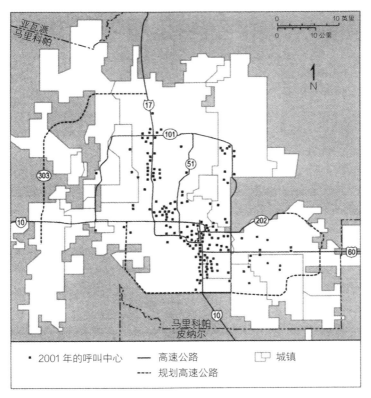

图28 顾客联系中心

台业务面对有客户服务的部门：银行、保险公司、医疗机构、航空公司、酒店和其他有客服的企业。随着计算机技术的发展、数据管理、电子数据交换和电话呼叫路由，后台活动在大约 30 年前就开始与控制和命令功能、高调高租金的主要街道分开。最初，他们搬到郊区便宜的专门办公区，发现大量受过良好教育的已婚女性愿意做兼职工作。最终，他们搬到工资低有经济适用房网络的城市，如凤凰城、盐湖城、塔尔萨、俄克拉何马城和苏克斯城。凤凰城定位自己是消费者接触行业全国中心，吹嘘"有先进的电信基础设施、庞大且不断增长的劳动力市场、相对低的企业和劳动力成本、中性口音人口、无自然灾害的好天气和高质量的生活方式。"[33] 呼叫中心紧邻州际高速公路系统，方便更多的工人。但是，为了吸引城市边缘经济房住宅区的工人，呼叫中心基本保证了长途通勤。该行业无拘束、高薪岗位少、职业发展慢，不受当地人待见，但对当地交通模式和空气质量造成的负面影响也基本无人追究。

职住不平衡还因为计划不周，如阿瓦图科城市村庄坐落于铜河印第安社区北的南山山麓。城市所拥有的南山公园赋予了地区特色和场所感。当凤凰城吞并这个地区时，绝不是阿瓦图科想要发展成住宅社区，而是自己的发展逐渐偏离了大型总体规划社区模式。南山区南部的房屋建筑开始于 1971 年，当时普雷斯利发展公司是一家加利福尼亚公司，在 50 街和埃利奥特路附近建立了 17 个示范住宅。这是最初的发展，之后建设具有养马特权的自定义家园。

该地区被认为适合于半农村发展，因为和南山的凤凰城南部中心相分离。最终，人口增长超过运输基础设施，该地区被称为"世界上最大的死胡同"，因为进村之路限制在 48 街东北向的一个狭窄通道和穿过 I-10 的东西向街道，所有这些都躲不过高峰期的严重拥挤。

今天，阿瓦图科的地理性隔离造成严重的职住不平衡。只有 13% 的村民在本村工作，44% 在其他东谷社区如坦佩和钱德勒工作，32% 在凤凰城中部，其余的分布在全市。[34] 阿瓦图科房价昂贵，居民富裕，与它所提供的工作不匹配。2003 年阿瓦图科房屋均价为 202500 美元，相比之下，凤凰城是 127500 美元，都市区整体是 155000 美元。[35] 近期交通改善，交通拥堵得到了一些缓解，但不能克服地理隔离和当地居民的就业机会不足。阿瓦图科居民到 2020 年预计将达到 120000 人。

善恶有报

经过一个世纪的公共交通的萎缩和面向建成环境的汽车业的蓬勃发展，凤凰城现在开始计划发展轻轨系统，扩大使用公交车连接凤凰城中部和东谷就业中心。2000 年选民投票支持轻轨，扩大公交服务。之前，城市的公共交通服务比不上同样规模的其他城市。星期日不通车，其他日子晚上 8 点结束服务，没有专门交通资金来源，没有授权轻轨线路。[36] 在努力推进轻轨铁路过程中，市政府官员和企业界达成共识，认为凤凰城轻轨铁路要密度更大、增长更持久。发展了轻轨就可以发展凤凰城，但同时给市区填充、密度和市区发展带来了一定的压力。

建轻轨的想法开始于 20 世纪 80 年代中期，当时该地区寻找办法弥补落后的高速路系统。1985 年全民公投决定建设高速公路，每年提供 500 万美元打造区域公共交通管辖（RPTA），为马里科帕县制定长途运输计划。公共投入少，RPTA 提出 0.005 的销售税资助 103 英里长的轻轨系统。1989 年选民以 40% 比 60% 的大差额否决了这一计划。1994 年，运输支持者们再次寻求选民支持，这次扩大销售税超过了 2005 年，用以新高速公路的建设。但是努力再次无果而终，选民拒绝，可能是不信任高速公路建设过程，而不是反对运输系统。另外，要求选民们支持区域交通正值公众注意力转向小规模社区和邻里关系之际。

在 1989 年和 1994 年的县级选举中，只有坦佩近郊支持增加税收。坦佩的决策者为居民制定了市级交通集资措施，包括没有日落条款的 0.005% 的销售税。这一措施1996 年被选民通过，其中包括轻轨资金措施。坦佩的成功起了很大的激励作用，凤凰城也建议增加 0.005% 的销售税，主要用于提高当地特快巴士服务，改进电招服务，1997 年开始实施。轻轨分阶段建设，2007 年工程开始。大选前几周民众支持这一倡议，但 111000 票中只有 122 票同意，最终没有通过。在选举前一周，共和党州长法伊夫·赛明顿——支持高速公路建设的原房地产开发商，干预并命令亚利桑那州运输部的主任和亚利桑那州环境质量部部长举行新闻发布会鼓励投"否定票"。这些声音对说服选民相信公共交通会减少拥堵并改善空气质量具有很大的影响力。赛明顿因被指控七起银行诈骗于当天辞职，否则他抹黑运输的用心大概在势均力敌的选举中会扭转局势。

最后在 2000 年，凤凰城选民支持修订公共交通计划。这一次，计划得到商界和政界领导的广泛明确的支持，公众此前的担忧也一并解决。销售税率降到 0.4%，确定 20 年的日落期，改进当地巴士服务的工作也纳入了轻轨建设，提供更大的空间平等性。居民都得到一张当地巴士服务改进建议图，这张图实际上展示了整个城市的改进措施。[37]市长和市长任命的筹划小组委员会强烈支持轻轨，用总线选择（the bus option）获得广泛支持，打消了公众对凤凰城轻轨是否可行的疑虑。有 33% 的资金投入轻轨，工程分阶段进行，线路横贯城市就业核心区，向东通过篮球场、棒球场和天空港国际机场，连接坦佩的轻轨系统，然后进入梅萨市中心。筹钱广告宣传语和过去一样，强调不改善运输，人口增长就会导致交通拥堵和空气恶化。反对者组织无力、无序、无资金，计划以 65% 比 35% 的大比分通过。

轻轨最广为人知，成为凤凰城公共运输计划最有感召力的部分。目前的计划要求在 2008 年开始 20.3 英里的起始段，连接凤凰城、坦佩和梅萨的就业核心区（图 27）。2001 年 11 月，联邦运输管理局正式批准凤凰城的轻轨项目，获取资格得到 5 亿美元的联邦配套资金。

不做洛杉矶的翻版！

2001 年 11 月，格伦代尔选民批准半美分销售税，用来增加公共汽车服务，向西延伸轻轨系统 3 英里到达格伦代尔边界。2004 年 11 月，选民批准扩大城市交通运输营业税，资助高速公路建设和大力扩展轻轨计划连接凤凰城－坦佩－梅萨沿线的郊区社区。规划一直充满激烈辩论，一方是该区的市长们和商界领袖联盟，另一方是决心打败轻轨开发的吉尔伯特商人戴夫·汤普森。结果开始了区域合作新时代，昭示世人凤凰城人最后准备选择高速公路和与汽车相关的运输方式。

轻轨接受街上空架线供电，沿自行线路运营，在小路和颠簸道路等与汽车交通分道。最初预计 20.3 英里的起始运营需要大约一个小时，在街上轻轨限速还须遵守交通信号。按现在当地通勤时间平均只有 25 分钟左右，轻轨很难与汽车竞争。地理覆盖有限，新系统需要集成更灵活的运输方式，如有汽车、巴士和自行车。

凤凰城运输的主要问题是能否满足日益增长的旅游需求，趋势是人们把外出工作与购物、个人商务和休闲旅行相结合。多用途旅行现在构成了全国范围内所有城市旅游的 30%～50%。[38] 长远来看，凤凰城的轻轨站需要设有食品杂货店、药店、干洗店、儿童保健设施、餐厅、医务室，以及人们在上下班路上常去的其他地方。传统的交通模式是单一用途的工作旅行，很不适合凤凰城人现在的生活和工作方式。

对系统持批评意见的人认为轻轨不会吸引挑剔的大众

乘客，凤凰城城市蔓延的就业集中性不足以维持轻轨。的确，该系统以虚假理由让公众买单，说会减少交通拥堵，改善空气质量，减缓人口增长的影响。系统高估了初始载客量，虚拟了中转站周围不存在的人口和就业密度，即使在可预见的未来这些人口和就业密度也不可能存在。[39] 凤凰城的轻轨与其说是为交通运输本身，还不如说是为了增长和经济发展。轻轨发展是实现城市发展新形式的机制，像凤凰城、坦佩和梅萨，它们的地理环境在过去的 20 年已经发生了变化。当城市边缘社区的新发展途径举步维艰时，他们自然希望刺激更成熟的增长形式，强调密度，发挥其固有的中心力量、历史意义和独特优势。

流动趋势

人所共知，在庞大汽车城的刻板意象中凤凰城排名倒数第二，整体在美国城市中够不上汽车狂。凤凰城人较少独自开车上班（凤凰城 73.9% 相对于全国的 76.3%），更多选拼车（20.2% : 14.7%）。较少人使用公共交通（2.4% : 5.2%），但更多人使用"其他方式"，特别是骑自行车上班（3.1% : 1.4%）。凤凰城人一般上班需要 25 分钟，比 1990 年多 2 分钟（23 分钟），比 1980 年多 3 分钟（21.7分钟）。凤凰城的通勤时间比全国 24.3 分钟的平均水平略长，但比旧金山的短（28.4 分钟），比洛杉矶的短（27.7分钟），比达拉斯的也短（26.1 分钟）。在全国范围内，最长的旅行时间发生在人口高度集中的密集城市地区，像纽约的平均通勤时间是 38.1 分钟，芝加哥的平均通勤时间是 30.5 分钟。[40]

凤凰城运输科技与住宅开发史表明，有城市增长伦理、热爱新鲜感，鄙视区域范围活动的思想就离不开汽车出行，而建筑环境更需要汽车出行、更鼓励扩张，出现更多的汽车等。规划不到位，住宅发展就出现缺乏就近就业机会，居民在住房附近难以找到工作。未来 40 年出行时间可能会翻倍。轻轨提供了机会，打破城市边缘汽车发展的轮回，促进更密集、更可行的城市形态，将过去城市的传统与未来规划相融合。

第6章

市区再开发：双城记

　　第二次世界大战后，郊区化力量以压倒性优势削弱了凤凰城都市历史城市中心的活力。零售业首先搬走，其次是行业活动和个人服务。到了20世纪60年代，许多市区建筑被城市边缘企业控制或完全放弃，如当铺、临界的会面室（meeting rooms）、破烂的酒吧、旧货店。看到新投资和地区税基转移到外围地区，市领导们很沮丧。为解决这个问题，他们掀起了振兴市区的运动。20世纪80年代初，面对外围地区人口、文化、经济力量的挑战，他们改善市中心。凤凰城和坦佩是最具城市性且位置最中心的城市，都在市区投入了巨资，但在振兴市区的路上各行其是。

　　凤凰城拆除了历史建筑，强调大规模发展基础设施，包括科学和历史博物馆、会展中心、多个演艺场所、市政厅、甲级棒球区和篮球场。凤凰城打造的市中心充满印象深刻的新建筑，拟合其自我意象为都市圈中心的动态新城市。但市中心各部分之间的功能连接性薄弱，住宅供应短缺。建成的环境与周围社区的结合性差，行人不喜欢。凤凰城市区缺少"精细"活动吸引人们上街，也缺少连接分散空间的活动。

与此相反，坦佩市中心规模小而且以过去为基础，保存历史建筑，甚至建造看起来像老建筑的新建筑唤起思古情怀。突出小店和餐馆吸引人们上街，鼓励行人步行，引进新经济体。坦佩在盐河干涸了的河床上新建镇湖，怀念往日水对农业社会举足轻重的情景，回忆水在人们日常生活中的不可或缺性。为进一步发展经济，镇湖被设计为一块磁性地，但到目前为止由私人开发，比预期的进展要慢很多。坦佩市中心承担的风险是成为自身成功的牺牲品，超高层发展削弱了小规模的亲密气氛，全国连锁店如旅行用品店（Urban Outfitters）、阿贝克隆比费奇专卖店(Abercrombe and Fitch)、博德斯书店(Borders)、星巴克取代了更鲜明的夫妻经营店。城市努力为中产阶级购物者打造干净的市中心，制定法规强烈反"懒鬼"，禁止流浪者走进视线，并把他们转移到周边社区。利用独特性、多样性和边缘性创造独特成功的经验，坦佩市中心却成为一个普通的购物娱乐区，为此承担了很大风险。

复苏老建筑的整体理念打断了大都市规划边缘地区发展的思路，市区人们对芝加哥、底特律、克利夫兰、匹兹堡和圣路易斯市中心的影剧院、球场和餐馆有着特殊记忆。坦佩市区已实现大面积营利，但目前尚不清楚凤凰城市区是否会达到国家最大城市相应的规模和地位。凤凰城和坦佩改造市区的故事提供了启示，作为全国快速增长的都市，重新定位向内发展过程中历史、地理、领导、坚持和运气是很重要的。

历史性市中心的兴衰

城市中心在大凤凰城的商业史上起到至关重要的作用。早年富裕农民为日常生活和经营农业去市中心购买商品并寻求服务。市中心商品应有尽有，服装、饰品、家居用品、药品、马鞍杂物、马具、饲料、五金，还有贷款。20 世纪早期，凤凰城市中心无疑是该地区城市等级体系的巅峰。市中心的华盛顿路上，3～4 层高的砖建筑林立（图 29）。零售设在一楼，楼上是办公室、家具间和酒店。中央大道和华盛顿路附近的土地成本高，剔除了要求空间很大但利润很小的商业活动，如木料场、仓库、车

图 29　1889 年凤凰城大街上的军队游行。国家档案馆

市区再开发：双城记

场（liveries）等。车场靠近酒店，是 19 世纪风格的停车场。员工、店主、裁缝和其他市中心工人住在公寓，就在紧凑的市中心北，步行即可上班。[1] 华裔洗衣店为镇公寓寄宿者和游客服务。有轨电车在华盛顿路跑来跑去，把新住宅分区的人们吸引到中央商务区。马车拉来邻近城镇和边远乡村的顾客。凤凰城市区是该地区的主要零售和服务中心，其地位得到了巩固是因为既是州府又是县所在地的身份。

偏远区域的市中心如格伦代尔、皮奥里亚、斯科茨代尔、梅萨、吉尔伯特、钱德勒和坦佩，为当地消费者提供了更多的日用品。梅萨在 20 世纪初兴起，成为东谷的贸易中心，格伦代尔拥有了西谷的类似地位。坦佩是亚利桑那州地区师范学校校址，学校经过前教师和坦佩支持者查尔斯·特朗布尔·海登的认真谈判、积极游说后成立于 1885 年。海登和领土立法机构调解员同意把国家研究型大学划给图森，把疯人院这个公共机构中最烫手的山芋给了凤凰城。坦佩是州立师范大学的创办地。坦佩师范大学 1886 年 1 月开始招生，招了 21 名学生。它最终成为亚利桑那州州立大学，在定义坦佩的大学城身份以及影响市区发展和重建工作方面发挥了核心作用。大学城地位与城市商业成功相结合，形成了特别活跃的市中心。有九个商品店，两家药店，两家杂货店，两个木场，五家诊所，一家酒店和四家酒吧。[2] 坦佩今天以其智慧才能和艺术支持而闻名，即使在当时也有过人之处。著名的古德温歌剧院挤满了参与重大事件和人才项目的坦佩人。夏季，古德温搬至室外，到 5 街和米尔路的古德温露天剧场放电影。几年后，贝蒂·格雷格·亚当斯回忆说："与朋友坐在露天剧场的地毯上，吃着爆米花，边看《情殇波林》边打蚊子。"[3]

直到 20 世纪 50 年代，地区的历史性市中心区是自行发展的零售服务和社会生活中心。周六去市中心购物仍然是人们生活中的一件大事。凤凰城市中心包含了河谷所有的高层建筑开发，大部分都在 1924～1931 年的建筑热潮期间建造。[4] 10 层的吕尔斯大厦（1924 年）和 13 层的吕尔斯塔（1929 年）原本是医疗机构，后来搬到了县法院附近。医院在 20 世纪三四十年代分解，带走了相关服务，医生办公室被保险机构和律师事务所取代。[5] 20 世纪上半叶，凤凰城市中心作为购物和经商之地没有区域竞争对手。它包括百货公司、银行、汽车经销商、珠宝店、建筑师、会计师、房地产经纪人，保险代理。[6] 1948 年凤凰城市中心占城市零售总额的 52%，日杂货占 28%，汽车占 22%，服装及配件占 14%。[7] 当时去市区会在蒙哥马利、西尔斯、罗巴克、钻石、金水，或颇特马鞍（Porters Saddle）和马具公司购物。沿着范布伦路从 5 街到第五大道去汽车经销店，当日会安排在市中心的三家高级酒店的任意一家午餐，向西酒店、圣卡洛斯或亚当斯。

直到 1960 年坦佩市中心仍是重要的商业中心和社区生活焦点。沿米尔路从盐河到大学路是一条商业街。人们在安全路、朗德尔和吉姆雪莱家买杂货。在戴纳兄弟家购买汽车用品，在莱尔德和戴恩购买药品和杂货。忙碌一天后，他们会在山谷艺术剧院（原称大学剧院）看电影，由德怀特·"红色"·哈金斯建于 1938 年。哈金斯和他的儿子丹后来在山谷成功建立了连锁电影院，但在最初的几年里，他和他的小家住在坦佩市中心河谷艺术馆上层。市中心也有当地邮局、市政厅、报纸印刷厂和图书馆。[8] 第二次世界大战结束时许多退伍军人上了亚利桑那州立大学，招生由 1946 年的 553 人升至 1961 年的 11128 人。[9] 尽管增长迅速，整个 20 世纪 50 年代坦佩仍然保留了以米尔路为大街的小镇特征。

战后边缘地区的增长和新土地开发削弱了该地区繁华商业区的活力。为了迅速应对市场的地理变化，零售商们在郊区大卖场和购物中心开了新店。新店更大，更现代化，选择更广泛，停车位也多。园区中心是第一大购物中心，1957 年开业，凤凰城以北 2.5 英里。金水和钻石百货从市中心迁到那里。塔广场于 1958 年开建，随后是 1961 年的基斯镇商场和斯科茨代尔时尚广场、1963 年的托马斯购物中心、1969 年梅萨的三城商场。新商场不仅吸引了市中心的零售活动，也吸引了新办公室、酒店和公寓。国防工厂也被转移到郊区，那里的土地比市中心更便宜且更充足。生产出的低重量且高价值商品卡车就可以运输，他们不再需要在市区南的铁路大院找地儿。令人费解的是凤凰城的发展速度在下降！零售占主导地位近百年，但近 10 年却沉沦了。凤凰城市区在城市的零售额从 1948 年的 52% 降到 1954 年的 38% 和 1958 年的 28%。[10] 1972 年最差时候,市中心的零售额仅占全市 16 亿总销售额的 3%,而私人新投资止步不前。凤凰城成了两个不同的城市,郊区向外蔓延,商业核心在收缩。随着零售业和服务业的萎缩,市区只剩下银行、政府和法律部门,员工下午 5 点就下班回郊区的家。

市区的衰落对"两点社区"是致命的打击,两点社区(Deuce)是贫民区,从第一大道到 6 街,从华盛顿路南到铁路轨道。名字来源于 2 街。[11] 20 世纪三四十年代,两点社区有中国城、西班牙裔居住区、商业区、农贸市场,是一个活泼不雅的娱乐区,有夜总会、酒吧和繁华的红灯区。直到 20 世纪 50 年代,两点社区的居民还都是工人。[12] 中国城在三四十年代迁走,市区工作岗位在 50 年代减少。季节性农活随着大规模的城市化而减少,两点社区变成了被遗弃的地区,房子破破烂烂,下等酒馆、传教区、典当行、旧货店、血库和为人不齿的酒吧,经常有毒品贩子、妓女和失意者光顾。主要企业离开了市中心,适合流动短工的零售商搬入。在许多凤凰城人眼里,地区的物理性退化使其不受待见。为传统的、责怪受害者的批评方式,市领导和市区客商把改善市区购物不足的希望归咎于两点社区。[13] 开发边远住宅分区也削弱了坦佩市的经济地位,但城市作为大学城的独特地位,使市区顺利渡过了 20 世纪六七十年代的艰难岁月。

振兴市区的全美趋势

全美各地城市在市中心商业区衰退中挣扎，而凤凰城和坦佩市中心的变化趋势表现出了不寻常。市领导进行尝试，先在 20 世纪五六十年代试行联邦的城市更新计划，后试着建造购物中心、博物馆和娱乐场所。早期联邦资助重建项目，目的是取代市内的亏损企业和破旧住宅，改建以高端住宅、博物馆、画廊、音乐厅和会议中心。他们为绝望的城市提供了急需的经济刺激，并允许城市灵活决定如何重新定义市中心地区。

人口改变促进了市中心的重建工作。20 世纪 50 年代男性养家糊口，妻子做全职太太，这种像连续剧《交给比弗吧》（Leave-It-to-Beaver）中的家庭消失了，出现了更多元的混合式，有丁克（双收入没孩子）、空巢老人、单身和同性恋夫妇，有很多人看重中心性、开放性、多样性、个性和市中心内城社区的便利设施。制造业到服务业的经济转型更看重中心位置，企业越来越愿意建分部脱离生产，如总部之外有市场营销和媒体部、研发部、广告制作部。强化人口经济力量的是星巴克现象：社会意义和职业意义上非常渴望与他人联系的社区规模。市中心区能够创造出感觉与众不同的地方，集娱乐、商务和文化中心于一身，开始让单调的郊区卖场、购物中心和边缘城市开发商赚到钱。

这次全国范围内重建市中心，引人注目的是振兴凤凰市中心花了这么长时间。该市拥有最暧昧的荣誉：美国主要城市中最无趣和最无利的市中心。原因很多。首先，凤凰城痴迷兼并，倾向于向外寻求投资和发展，结果低估了市中心的机会。其次，城市利用沙漠意象和山区风景，而不是以具有历史意义和建筑意义的重要建筑去唤醒场所感。第三，凤凰城市中心在其顶峰时期再不是农业腹地的服务中心，缺乏大量具有历史重要意义的地标。第四，凤凰城的流动人口与市中心丰富多彩的历史关系很弱。凤凰城人家族很少谈论进城参加世界大赛、参观艺术博物馆或与爷爷奶奶在最喜爱的餐馆举行复活节早午餐。这些值得记忆的事儿芝加哥有，圣路易斯有，堪萨斯市有，密尔沃基有。最后，凤凰城放弃了单一主导核心概念，采纳了城市村庄，每个村庄拥有单独的村庄中心。

凤凰城的大盒子办法

凤凰城市区表演艺术中心的概念起源于 1959 年，当时文化演出活动在学校的旧礼堂举行。后来为了举办地方和全国会议，认为城市需要有一个休闲娱乐场所和设施。20 世纪 60 年代早期形成了公民委员会，由牛顿·罗森茨维格领导，他是珠宝店老板，也是颇受尊敬的老凤凰城家庭成员和发展的推动者。该委员会在老凤凰城址得到土地，委托当地建筑师设计一幢楼，能与几家即将建造的酒店和一座 40 层的银行中心大厦互补（图 30）。通过销售收入

图 30　凤凰城市中心区的开发

债券，市民广场在 1972 年启用，设有一个大会议厅和交响
乐厅，下方是宽敞的广场，有喷泉和俯瞰圣玛丽大教堂的
雕塑，是市区最重要、最持久的历史地标。两个会议酒店
不久后开业，分别是皇冠酒店（当时的亚当斯和后来的希
尔顿）在 1975 年，凯悦酒店在 1976 年。

市民广场作为公共建筑手段和市区重建机制失败得很惨，因为它体现了早期市区重建的所有经典缺陷。[14] 1984年拆除两点社区为市民广场和随后的扩展让路，城市大量的单间房酒店被夷为平地，造成低收入住房亏损。两点社区的毒贩、妓女、黑帮和流浪者没有像市领导所期待的那样在干燥的沙漠空气中蒸发掉；他们徘徊在市区犄角旮旯，最终向西漂流到国会中心附近，在那里他们让已经衰败的地区更不稳定。[15] 交响乐大厅的设计对象是高档文化艺术和城市精英，没有把中产阶级和工人阶级吸引回市区，被称为劣质设计。市民广场结构明确地把游客和市中心其余部分隔开。周围是简朴的混凝土坡道，通道通过地下停车库。人行道没有魅力，夏季很热，不鼓励人们从街道或周边商户进入。现在经过30多年的隔离，市民广场重新做了设计，有更多的街头活动，更易通向周围的商业和繁华街景的开阔景区。

　　市中心的再开发工作在东部几个街区展开，规模更小，更尊重传统，更有利于行人。但不幸的是也无法刺激私营部门投资。1974年，凤凰城得到联邦资助获得了历史遗迹罗森庄园——一座位于6街和梦露路拐角处的经典的维多利亚住宅。房子修复成功后，城市获得了相邻的住宅建筑，命名原来城址仅存的住宅群为"文化广场"。板条住宅（The Lath House）是22200平方英尺的开放大厅，受命为历史建筑提供建筑衔接，充当公众聚集场所。有吸引力，设计精心，但文化广场是安静的与众不同的隐蔽处，远离了枢纽商业和政府活动，不是想象中的充满活力的公众集会场所。对于其茶屋、礼品店、餐厅和玩具博物馆，历史爱好者比一般公众更为了解。有个例外是比安科比萨店，一家在旧机器厂址开的小餐馆，因用自制的奶酪和当地蔬菜制作特别好吃的砖炉烤比萨饼而闻名。凤凰城人每天下午4点半排队等待餐厅5点开门。顾客排到隔壁酒吧的阳台，在邻近院子玩地掷球。企业获得了巨大成功，说明早期企业对独特、人性化，及其在凤凰城市中心的稀缺性有需求。

凤凰城市区的许多重要公共建筑可以追溯到1983～1990年间哥达德时代的城市领导。特里·哥达德是当地一位年轻的律师，哈佛大学（1969年）和亚利桑那州国立大学法学院（1976年）毕业，出生于有影响力的亚利桑那家庭，父亲在1965～1967年曾担任州长。1982年，哥达德共同主持公民地区选举，计划用地区选举代替凤凰城市议会成员选举区的全体议员制。被对手击败，受到现任市长、当地商业组织、市报，以及除了一位市议员以外的所有议员的反对，但公投通过。哥达德成了城市政治青年才俊。现任市长玛格丽特·汉斯拒绝一年后连任，36岁的政坛新人参与了和机构钦点的候选人彼得·邓恩的竞争，邓恩是当地商人和立法议员。哥达德赢了，四个新成员被选进市议会，预示着市政府的新时代。

哥达德毫不掩饰地支持市中心。1984年他敦促市议会授权开发一号广场、零售市场和复兴公园，40多年来首次开发市中心住房。此外，委员会购买并承诺修复奥菲姆剧院——一座建于1929年的西班牙复兴建筑。奥菲姆剧院计划用于电影节、表演艺术和社区活动。市长和理事会任命委员会为新市区的棒球公园奠基。复兴公园于 1986 年完成，之后开始复兴广场的工程，复兴广场是一座高层办公楼，地下有商店和餐厅。5 层地下停车场在华盛顿路和中央大道建成。爱国广场翻新，从 115 英尺高的塔尖用激光系统发射激光进入夜空。与此同时，市议会批准减税和其他激励措施，吸引全国大开发商劳斯在范布伦路、菲尔莫尔路、3 街和 5 街之间的"超级地块"建造酒店、办公室和零售区。[16] 亚利桑那州中心于 1990 年开业，它有 20 层和 18 层的办公楼，以及 150000 平方英尺的专卖店零售空间。但零售业很快变得不景气，于是又增加了一个多元化电影院。亚利桑那州中心搬离购物中心成为娱乐中心，有饭店、俱乐部和为游客和市区食客设计的特色店。

可以说，哥达德时代最有意义的成就是 1988 年建立新市区基础设施的债券措施（bond initiative）。哥达德的想法是足量开发具有重大建筑意义的公共建筑，使彼此相近且功能足够活跃。[17] 20 世纪 80 年代末，凤凰城市中心平稳地吸引了大量民间投资，吸引人们到新文化娱乐区。不幸的是，这个城市陷入了由房地产投机和家庭贷款机构倒闭所造成的严重衰退期。哥达德于 1990 年辞职，与房地产开发商法伊夫·赛明顿竞选州长，但未能成功。他在市政厅的接班人虽然支持市区改造，但没有提出实现前后连贯的愿景：沙漠城市的中心应该什么样。尽管凤凰城历史博物馆在 1995 年、亚利桑那州科学中心在 1997 年、

48000 座的棒球球场（Bank One Ballpark）在 1998 年、凤凰市法院在 1999 年、桑德拉奥康纳联邦法院（Sandra Day O'Connor Federal Courthouse）和道奇剧场在 2001 年纷纷建成，但市中心依然受到冷落。如果没有重大事件，凤凰城市中心的街道下午 5 点后便死气沉沉，即使有人活动，活动一结束大都快速离开。

凤凰城市中心大量的城市基础设施急切需要投资，需要开展精细的步行规模的活动，如书店、咖啡馆、精品店、户外酒吧和餐馆，吸引人们下车走上街道。当前的物理设计没有提供这样的活动场所，除几个明显的以外，市中心以高楼大厦为主，炎热、粗糙且不招人喜欢的走道；宽到难以穿越的大街；大而粗陋的停车场。即使亚利桑那州中心有吸引人的下沉式庭院的半圆形设计，也是面朝里。大多数人乘车到达后从停车库出来，而不是从街上。哥达德原计划在市民广场的交响乐大厅前的广场上建造有巨大冷却塔的"太阳能绿洲"，创造一个沙漠城市独特的吸引人的公共空间，结果建了一个丑陋的实用性帐篷，成为公共事件展馆。

梅尔卡多的失败案例也许最令人失望。办公区和零售区搞得惊艳照人，模仿墨西哥的瓜纳华托集镇，由奇卡诺斯·坡·拉·考撒（Chicanos Por La Causa）和赛明顿有限公司联合开发（在 1990 年亚利桑那州州长竞选中击败特里·哥达德的那个赛明顿）。1989 年 11 月梅尔卡多大张旗鼓地开业。计划了拉丁风味的购物中心，围绕中心广场设置了商店餐馆，似乎提供了凤凰城市中心需要的那类零售和餐馆。可惜时机不对，开业时赶上了严重的经济衰退。最终失败的原因还有，附近停车场车位不足，当时城市停车被看作是一种权利；再如夜间无大型活动时中产阶级居民大多不来光临餐馆和商店。梅尔卡多陷入破产，被银行接管，最终出售给亚利桑那州立大学做了市中心校区。法伊夫·赛明顿被判有与梅尔卡多贷款牵连的金融违法罪，被免去了州长职务，此案后来上诉时被推翻。赛明顿经历了奇特的命运交响——但这是典型的凤凰城人模式，去烹饪学校彻底改造自己，现在是河谷主要餐馆的合伙人和甜点厨师。梅尔卡多也被改造为办公园区和大学校园，建筑被重新粉刷以淡化其鲜艳的颜色。梅尔卡多迷人弯曲的街道，之前零售店人群熙攘，现在变得冷冷清清。

城市支持者再次表明凤凰城市中心成功在即。今天的乐观心态首先源于凤凰城人天生看好未来，其次是支持者称市中心兴起的公私项目为"完美风暴"。目前市区重建的流行语是"研究"。在 2002 年 2 月，50 多名领导人聚集在亚利桑那州议会大厦，协调引进一家重要基因组研究所落户该州。该研究所由杰夫瑞·特伦特博士主持，他是凤凰城人，获得亚利桑那大学遗传学博士学位。特伦特曾在国立卫生研究院任国家人类基因组研究所的科学主任，正在寻找地方开办研究所，把遗传学研究突破转化为医学进步。五个月内，该队得到了 9000 万美元的承诺金，由亚利桑那州、凤凰城、盐河皮马－马利柯帕印第安社区

（这里糖尿病的发病率高得惊人）、州立大学和各种私人基金等资助。特伦特同意将国际基因组联盟总部（IGC）和合作研究所、转化研究所（TGen）迁入凤凰城市中心。凤凰城承诺开发13英亩场地，作为凤凰科技园国际基因组联盟总部和转化研究所的永久地。2003年6月13日破土动工。

这一事件值得注意，一是因为其速度——市区领导一直谈论了20多年建第三个中心酒店；二是因为TGen源自区域合作。当时的凤凰城市长斯基普·李姆斯扎做过一个比喻，建中亚利桑那工程，引科罗拉多河水进凤凰城和图森，这个过程就像"我们今夏喝到了泉水，而这个（生物技术）也同样是泉水。"[18] 生物科技园承诺吸引高新知识员工到市中心，吸引衍生和相关企业到市中心。TGen提供潜能将凤凰城市中心转变成创造新知识、转化新知识、为产品服务的地方，也是高薪员工和有创造力的员工想要工作和生活的地方，也是满足企业组合需求的地方。

新轻轨系统2008年开始运行，更多人可以步行到凤凰城市中心，这加强了市中心的步行能力。通常，大部分人驱车参加文化活动、观看棒球比赛和参观市区博物馆时，穿过街道去场地，然后不吃饭，不购物，也不看繁华景象，就回到位于郊区的家。轻轨促进了市中心的动态，这是汽车所做不到的。此外，凤凰城议会最近同意公共融资建第三家市中心酒店。过去20多年一直努力说服私人投资者建立第三家酒店，但毫无结果。今天城市终于认清了现实，公共资金将用于支持酒店的发展。如果没有第三家酒店，投资 6 亿美元扩建城市广场，公共资助效益将大打折扣。

凤凰城市中心另一幅迅速发展的宏图是亚利桑那州立大学校长米迦勒·克罗最近做出的决定，将大学的很大一部分搬至凤凰市区。第一批项目将在 2005 年 8 月起动，市中心校区预计到 2015 年招收 15000 学生。市政官员肯定一想到闹哄哄的市区到处都是年轻活泼的面孔就头大。大学给当地建筑公司出了难题，"空中楼阁"的设计中新资本中心会是什么样，要求校园距离轻轨站步行不到五分钟，还要保证学生融入市区环境而不被高墙隔离。护理、公共政策、社会工作、通信、卫生管理、继续教育项目也在通往市中心的路上。

经过 40 年多的忽冷忽热，城市似乎终于"如愿了"，更大的社会和城市力量支持市区重建工作。现在对市区的支持和热情比过去 30 年中任何时候都高，也许得除去 20 世纪 80 年代哥达德担任市长的时段。知识驱动市区经济计划充满愿景和连贯性。即使最愤世嫉俗的市中心批评者也谨慎乐观地看到期待已久的转机终于到了。[19] 而且，规划公共措施分离的私营企业比现实更乐观。不过似乎还没有严肃思考制定新开发场所，目前尚不清楚现有博物馆、体育设施、剧院和规划的遗传学研究所是否将融合创建一个独特的地方，这个地方是否将成为地区的经济引擎和精神中心。

坦佩大街

2002年,喜剧中心带喜剧《与戴夫·阿泰尔一起失眠》来凤凰城演出,成为城市夜生活的热点,当时中心选择了坦佩市区作为演出地,而没选凤凰城市区。这个内陆郊区的历史性市中心已成为充满活力的公共空间、生动的娱乐区、新经济公司的磁铁。晚上生机勃勃,尤其在周末,演出了《失眠》、当地音乐和喜剧、ASU校园太阳魔鬼球场一年一度的新年除夕派对、新年嘉年华,吸引了全国的眼球。坦佩市中心是自由出入的受人欢迎的公众聚集场所和购物区。如果说凤凰城开发市区是自上而下重点在公共基础设施建设,那么坦佩是自下而上创造足够量的精细活动,展现大规模的发展。

坦佩曾有市区重建的强大地理优势。城市位于交通十字路口的中心位置。不像凤凰城,坦佩早期发展时就成为内陆城市。20世纪70年代中期,坦佩的经济发展很明显将基于加密开发(infill),是垂直型发展而非水平型发展。邻近亚利桑那州立大学(ASU)有相当大的以行人为主的市场。ASU也使坦佩市中心形成自我新形象,为后来重建打下了基础,当时横穿河谷的历史市区受挫很惨。1960年后,主线企业逃到商场街和外围购物中心,而坦佩市中心的历史建筑吸引了反主流文化企业。反文化运动起源于公民权利、言论自由、越南战争和草案、性行为和生活方式选择的代际冲突。"嬉皮士"体现在使用非法毒品、摇滚音乐、长发、服饰前卫和政治激进方面。市场的出现满足了这个群体的需要，往往出现在大学校园周围。[20] 坦佩市中心距离迅速增长的 ASU 校园中心只有两个街区，是反主流文化企业的理想位置。业务包括食品合作；工艺品商店出售手工制作的皮凉鞋和靴子、艺术玻璃、蜡烛和服装；二手书店、唱片店和专门销售毒品用具的商店。Circus Circus 是市区的签名场所之一，出售扎染衬衫、蜡烛、香和串珠隔断。许多年轻企业家是从 ASU 艺术学校退学的。这里一个叫小奇迹出版社的小型出版社出版一份双周报纸。[21]

米尔路反主流文化开始是吸毒、性自由和生活放任，之后又一个令人生厌的衍生品是不断光顾地方酒吧的拜客。一个臭名昭著的摩托车团伙声称米尔路是它的地盘。[22] 许多坦佩中产者瞧不起拜客和嬉皮士。1971 年，《坦佩每日新闻》谴责市中心区为"社区的脓包"。[23] 曾严肃地讨论过市政厅往南迁 2 英里。但是智者赢了，反主流文化时代结果成了市中心的过渡阶段，从开始的小城镇大街过渡到成功的娱乐区和新经济公司的磁铁。

1968 年，年轻商人们中有很多是没有经验的小企业主，他们组成米尔路商人协会（MAMA）促进市区商人的发展，使坦佩市中心成为该地区嬉皮生活的聚集点。米尔路商人协会想要改进街道照明，减少交通量，消除路边停车。米尔路商人协会还想控制拜客，他们瞧不起非暴力的、不屑有社会政治觉悟的生活方式。米尔路商人协会最初的活动之一是赞助艺术和手工艺节，展示手工制作商品，吸引人们到市中心，为慈善筹集资金。多年来，每半年一次的米尔路商人协会节日从50个展位升到500个，从地方活动发展成区域活动。米尔路商人协会开始在酒店杂志和当地电台做广告，到1994年每节收入超过100万美元。更重要的是，每节吸引了250000人到市区，口碑是自由安全，打造了坦佩市中心好玩、丰富多彩、年轻、前卫和与众不同的意象。[24]

城市建设倾向于拆掉不雅的旧建筑，帮助消除市区的不体面人口，但米尔路商人协会和商人们游说保护历史。市里最初希望坦佩市中心沿斯科茨代尔富丽堂皇的第五大道商店线成为高档购物区。对于嬉皮士和米尔路商人协会的商人，世纪之交的商业建筑物具有美学欣赏价值，让人们联想到坦佩多姿多彩的过去。他们强烈反对重建城市的规划。[25] 1978年哈利·米切尔被选为市长，他是坦佩人，当地的历史教师，支持历史保护，以此促进了平衡。市中心的重建愿景是创造一个真实、独特、具有历史意义的重大地方。米切尔说："你们不会把迪士尼乐园重建到大街上，这一点我真相信。"[26] 米切尔市长也明白繁荣市区对城市形象的象征意义。在20世纪70年代反思米尔路的地位时他说：

米尔路……仍然是城市的主要门户。洪水来时只有米尔路没有被河流漫过。它是大学的入口，对很多人来说坦佩的样子就是市区的样子。[27]

坦佩市中心成为美国西部航空公司总部，是全州第十一大私营部门雇主，拥有 7280 名员工，是全国第八大航空母舰所在地，这时的坦佩市中心地位得到了提升。公司成立于 1983 年，拥有三架飞机和 280 名员工，公司迅速扩大发展了飞往夏威夷、日本和美国许多城市的航线。80 年代的过度膨胀导致航空公司在 1991 年破产，此后在 1994 年复出时更精简更注重成本。开始，美国西部航空公司占用了市中心北部边缘的一个旧购物中心，后来搬入城市早期重建的总部大厦。最终，美国西部航空公司在主要商业区西建了自己的总部。航空公司在支付员工和供应商的过程中产生了新的消费循环，这种成倍的影响力相当大。[28] 国家第八大航空公司总部设在坦佩市中心的心理意义和实际意义都更显著。美国西部航空公司员工越来越想住在市中心，人们开始上街。

坦佩市中心采取新旧结合，批评者认为给开发商的余地太大，更多的历史建筑本应该得到保护。一位早期开发商承诺保持原有的外墙但食言了，结果几个历史意义重大的建筑消失了。还有争论是零售业的消失，早年重建时市中心的定义。换手（Changing Hands）是一家二手书店，搬到了郊区购物场。全国连锁店剧增、签名企业如 Circus Circus 和换手书店的消失降低了市区的魅力。但在凤凰城的经典时尚中，变化永远是未来发展之路。

坦佩市中心的物理结构是由八个具有历史意义的世纪之交建筑构建而成的。在北端和城市入口处是海登面粉厂和海登住宅，现在的蒙蒂斯老房子（图 31）。其他

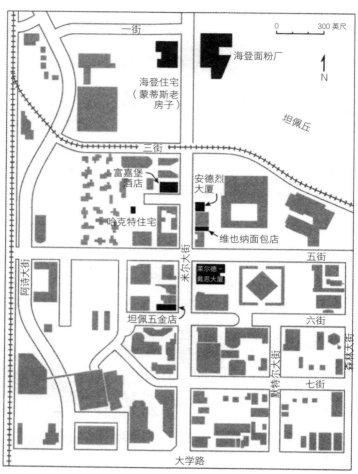

图 31　坦佩市中心的历史建筑

历史建筑是哈克特住宅（1888 年）、富嘉堡酒店（1899
年）、安德烈大厦（1899 年）、维也纳面包店（1893 年）、
莱尔德－戴恩大厦（1893 年）和坦佩五金店（1898
年）。城市采用美学设计特点，综合新旧建筑，使用砖

建筑材料、人行道、新领地（neoterritorial）建筑和茂密绿荫。

莱尔德戴恩大厦代表了坦佩市中心的风格演变，历史建筑对后现代主义的灵感很重要，对构建看起来老的新建筑也很重要。原来莱尔德-戴恩大厦在米尔路和5街拐角处，历史上称为"繁华角"，建于1893年，1897年由希拉里·莱尔德家族购买（图32）。莱尔德曾拥有4街的孤星酒吧，但他的妻子克拉拉不想让孩子在酒吧业中长大，所以她在5街和米尔路买了纺织品店。1902年，莱尔德请杰姆·戴恩博士合伙，改为药店，并称之为莱尔德戴恩，这个名字仍然用来描述坦佩繁华角的建筑。该建筑为维多利亚风格，当时很时尚，有自然的砖承重墙、角楼、压制金属檐口，以及木工装饰的二楼和阳台。在之后的63年中，药店给坦佩人提供处方药和其他药物，也担任非正式的市政厅、政治运动总部和约会之地。两个业主——莱尔德和戴恩，都曾任坦佩市长。1929年初，木制阳台粉刷成游乐场，保持与西班牙殖民复兴运动的建筑相一致，建筑本体被粉刷，角楼和凸窗被拆除。1994年，西班牙殖民地特色被去除，大楼模仿原有的维多利亚式重建，建了一个新角楼和二楼阳台。在这种情况下，历史保护和建筑真实性的动力在于拆除历史建筑，建造看上去很旧的新结构（图32）。

坦佩最雄心勃勃的尝试使得未来与过去不断线，促进了中心城区的发展，在盐河河床市中心区北部边缘建了镇

图 32 坦佩市中心的莱尔德戴恩大厦，大约于 1900 年、1972 年、2000 年。上面两张来自坦佩历史博物馆，下面一张由作者拍摄。

湖（图 33）。有人认为开发镇湖仅仅出于房地产利润；也有人认为这是重新牵手盐河的千载难逢的机会，盐河是城市早期农业的命脉，是逃离沙漠酷热的清凉之地。坦佩的早期生活与河紧密相连。查尔斯·海登的木船在河上摆渡人、动物和车辆。邻近的磨坊由河道改引过来的水推动。运河穿过城市灌溉农田。1911 年罗斯福大坝建成后，河域水灾不再发生了。但与河流的连接一直没有结束，坦佩人在米尔路桥下的湖里游泳，1916 年、1923 年和 1940 年

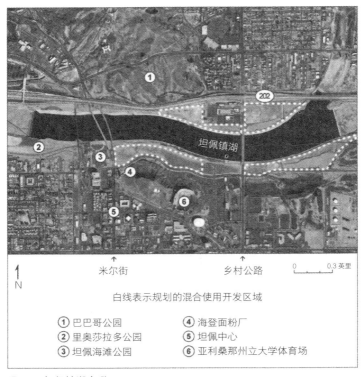

图 33　坦佩镇湖鸟瞰

左右，至少有一个湖——洪水的残余——供人们游泳、划船和钓鱼。虽然湖里游泳很受欢迎，但市民团体担心民众安全，鼓励人们使用附近的坦佩海滩公园。公园于 1923 年开业，游泳池按奥林匹克规格修建，作为在炎热干燥的夏天年轻人社交聚会的场所，直到 20 世纪 70 年代中期才关闭。许多城市父母认为游泳池比运河对孩子们更安全，但游泳池收费招生，许多人付不起。[29]

在 20 世纪 40 年代～60 年代中期漫长的旱季期，坦佩像凤凰城其他地方一样，与河流失去了历史联系。湖泊干涸，废弃河床变成了掩埋场地、矿山开采地和工业企业。进出天空国际机场的航班用河床做飞行跑道，噪声嘈杂，说话都难听见声音。

重新开发河域的想法始于 1966 年，当时亚利桑那州立大学建筑学院院长杰姆斯·埃尔莫尔要求学生利用干河床进行设计。学生回来时，带回的作业已被称为里奥萨拉多项目，要求一系列锁水闸和渠道，打造沙漠内陆港口用于防洪、娱乐和经济发展。理念活跃了多年，带给当地时断时续的利益。原来的海港想法被抛弃了，建了长长的绿色带，沿途有一系列湖泊和辫状河。1979 年，坦佩市市长哈利·米切尔组建了坦佩里约萨拉多公民咨询委员会，为该项目投入公民进行宣传。1987 年，要求马里科帕县选民支持增加物业税资助河谷绿化带版本的里奥萨拉多项目，遭到城市边缘区脱离社会的退休社区的激烈反对，结果失败了。坦佩公民支持这个理念，米切尔市长宣布坦佩继续重新开发河域。

1999年6月2日,水从中亚利桑那工程流入坦佩镇湖,大约五周后两英里的湖被宣布全部灌满（图33）。湖所在地方两端有充气囊大坝,设计洪水涨时降低河道,洪水退时再膨胀起来。湖泊是城市节日、烟花、摇滚音乐会、体育比赛的壮观背景,吸引水手、癌症患者、慢跑者、骑自行车者、散步者和附近沿湖野餐工人的磁铁,提醒人们别忘了旱河曾流经凤凰城。

私人开发缓慢。承诺的许多餐馆、酒店和娱乐场所还没有兑现。两个现在的开发项目是海登码头湖畔,9层办公楼在靠近米尔路的南岸,赛船点公寓在湖的南面有136个豪华间。最大的失望是城市无力吸引规划好的2.2亿美元的皮伯迪酒店。希望皮伯迪允许坦佩竞争小规模的高端会议。虽然湖尚未发挥其刺激经济增长的潜力,但已成为重要的公共空间,是坦佩市中心尝试把过去与未来连接的象征。作为当时的市长米切尔在1988年指出,市中心和湖是城市的门户。他们给城市带来的品牌是年轻、嬉皮和健康。

坦佩市中心还包含许多软件和设计型企业。越来越多的人认识到,高技术革命有两面性:硬的一面包括笔记本电脑和手机等精巧的小玩意儿,软的方面主要集中在创意领域如媒体、时尚、广告、设计等。充满趣味的是,市区吸引了新创意阶层的成员,坦佩市中心地区成为最新经济体的最强集中地。[30]

市区再开发:双城记

其他河谷商业区

河谷其他部分的市中心重建是一场艰苦的战斗。虽然每个城市都有某种市中心的改造计划，但都面临着发展边缘区带来的严峻竞争。市中心很少赢得这场竞赛。典型的例子是格伦代尔市中心，具有迷人的古董店和专卖店群。城市意象一直是一个古朴、面向家庭的卧室社区（bedroom community）。近日，该市精心策划了一个以体育为中心的经济增长计划，为全国冰球联盟的凤凰郊狼队获得 2.2 亿美元的场地，为全美橄榄球联盟的亚利桑那红雀队兴建了 3.55 亿美元的体育场，四周 600 万平方英尺的面积，计划建有餐馆、零售、商业、高档住宅和会议设施。格伦代尔能进行这种规模的发展，争夺项目时超过其他城市的竞争优势是有大片土地。开发地在当前市中心以西 4 英里。体育场馆是否将吞并格伦代尔市中心的生活，还是城市能够支持两种截然不同的经济发展节点，目前尚不清楚。

斯科茨代尔市中心很难决定是要成为"西部的最西部城镇"、一个文化艺术中心，还是迎合游客成为购物区。20 世纪 80 年代末，斯科茨代尔有过沿亚利桑那州运河开发河岸项目的想法，在目前的市中心以北。项目目的是混合使用开发，使斯科茨代尔时尚广场周围较新的商业区向北与南部的老区结合。将圣安东尼奥河畔作为模型，城市以运河发展为机制，来提升其以旅游业为基础的经济。盐河项目同意改变管理维护程序以适应这一愿景。1993 年，为了获得土地后转卖给开发商，该市申报沿运河的 91 亩为"贫民窟"。[31]公众反应消极，项目脱轨，城市最终为此举付出了沉重的代价。

在整个 20 世纪 90 年代，继续开发北岸迫在眉睫，但从未实施。1997 年，城市把注意力转向南岸，并建议混合使用开发。加利福尼亚本地开发商的合伙方斯科茨代尔水域南路协会成功中标，他们的设想是有一组村庄连接通航运河，有以零售为主的人行道、桥梁、小车和大车道路等。由于希望增加当地资金来源，城市游说使用不被人注意的亚利桑那州主题公园法规帮助支付规划文化区费用。这项立法要求公众参与，最终导致了项目失败。当时第五大道商业区商家担心建筑被征用，从而被迫搬离，为新水域开发让路。他们最后强迫在 1999 年对项目公投，当时该项目被认为是私人开发商在利用公共资金让现有的小型斯科茨代尔零售商失业。经过 20 多年的讨论和发展，水域项目尚未实现，斯科茨代尔经济生活的重心向北迁移。

梅萨在 1998 年开始市中心的振兴工作，包括 1050 万美元的街景改造工程，用以吸引零售业和商业到市中心。但由于当时企图使地区新职业橄榄球队在坦佩交界处落户，工作受此干扰无果。梅萨市中心一直低迷。钱德勒寻求发展市中心，但一直标榜是"硅谷沙漠的高技术绿洲"，意在城市新开发区集中高新技术企业，包括英特尔。

地区的历史性城市中心一直沿着早期发展和繁荣时预测的路线，1950 年后突然崩溃。郊区化使零售业以及制造业和服务业迁到边远地区。城市恢复市中心地区的活力比较缓慢，在很大程度上是因为被边缘地区的持续快速增长改变了路线。内陆坦佩积极重建市区，因为除了强调垂直水平发展优于横向水平发展外别无选择。当凤凰城和郊区社区像梅萨那样达到其可用土地的极限时，他们也开始更严肃地对待市中心振兴，并逐渐转向更成熟的增长和经济发展方式。

第 7 章

往小处想，往大处住

　　面对不断更替和快速的社会变化，凤凰城的故事描绘了发展和活力、沙漠的不确定性、场所营造（place making）和社区建设。凤凰城从未有过持续的经济衰退期，但有过短暂的苦日子，比如，第一次世界大战后和大萧条早期棉花市场的衰落，20 世纪 80 年代后期和 90 年代早期的储蓄和贷款崩溃，但都能起死回生。周期性的旱涝给民众安全和正规发展带来短暂威胁，但凤凰城势不可挡地前进着，治理沙漠，乐观虔诚，尽管偶受挫折，但认定要发展。

　　城市边缘新土地开发的传统增长模式深深植根于凤凰城更新场所的愿景中。对许多人来说，从头开始就意味着在城市边缘的新社区安新家，与新邻居交新朋友。的确，20 世纪早期来太阳坡的患者如此，被约翰·F·隆的玛丽维尔新社区吸引的二战老兵如此，把原太阳城看作发现新追求和结交新朋友之地的退休人员如此，直到今天在大太阳城、太阳湖和里约佛得追求积极生活方式的退休人员如此，今天被吸引到像维拉多社区和圣歌社区总体计划社区的移民也如此。墨西哥移民延续这个传统，尽管不在城市边缘，而在中央凤凰城他们重建的社区。对他们而言，城市核心是凤凰城的新边界。

凤凰城不是一个怀旧或浪漫的城市；持续增长意味着变化、活力、持续调整，以及一点点的不确定性。按当地一位作者的话，这是"一个步履蹒跚、不专一、乐观、冷漠、想象力丰富、精力充沛，可能性如自助餐式杂乱堆积的城市。"[1]它发展得如此快，以至于20年前的移民，甚至是5年前的移民，都很难认出他们当时搬去的地方。2003年，大凤凰城新增加了140000多人，相当于帕萨迪纳、加利福尼亚，或者雪城、纽约的总和。[2]劳动力增长了近40000人。[3]超过41000座建筑的独户住宅许可证被签发。[4]住宅销售创123000套的新纪录。[5]在2004年的前8个月，凤凰城是全国顶尖的家居建材市场，险胜亚特兰大。凤凰城每个人都成了新邻居，或有了新邻居。这还不包括租户，他们的搬家次数比买房户要多3倍。新曲棍球场在格伦代尔开业，新橄榄球场也已开建。亚利桑那州立大学宣布了扩大市区校园的新计划。轻轨建设开始了，斯科茨代尔通过新的销售税支持麦克道威尔山保护项目，以保护开放空间。坦佩人破土开建新的美术中心。总之，与全国发展最快的大都市没有什么两样。

凤凰城人有用物理思维衡量城市地位和发展的传统：如人口数量、家庭、企业和城市土地。但这一发展观点在如今这个年代略显老套，这个年代的新观点是生产财富与思想知识经济、科学发现、计算机能力、通信和信息技术相关联，个人愿望与情趣、审美、生活质量和地方感紧密相连。新经济的本质和凤凰城的更大规模需要更复杂和更机智的增长方式，以崭新态度思考需要什么样的形式，在哪里进行，以及职住如何结合。寻找更成熟的增长需要老练的眼光，而不是平常简单地为吸引加利福尼亚、伊利诺伊、俄亥俄和堪萨斯的人们而在沙漠里的便宜土地上建造新房子。

多洛雷斯·海登把蔓延看作一个过程而不是一个物理形式，采用韦氏词典定义动词"蔓延"是"不精心或笨拙地扩展。"[6] 值得思考蔓延不是低密度发展，因为很多凤凰城新住宅建设不适合低密度模式，即一英亩一家模式。然而，这符合了海登的定义，不精心或笨拙地扩展。新的总体规划社区越过了建成区边界，没有预先考虑到职住的逻辑关系。建造凤凰城都市村庄的意图是好的，可最后不过是地图上的线条，辜负了最初的设想，在功能上没有替代远途通勤和城市蔓延。城市形态使阿瓦图科居民很难就近上班，斯科茨代尔机场附近的工人很难就近居住。

凤凰城市地理按照边缘土地的老模式发展，但最近显示出了成熟，拥有城市核心区、重点历史街区、致密化和替代性运输方式。着手尝试改造凤凰城市中心，以步行为主，集中了生物技术研究与高等教育机构。曾经计划的轻轨系统无法支持已建环境的出行，一直未能很好地服务于更成熟和更高密度的城市增长。坦佩镇湖提升密度，促进垂直发展，有力地象征着地区与河流再次携手，催生沙漠的大规模发展。过去 5 年中，格伦代尔发展迅速，不再是卧室郊区，而变成西部流域的经济核心。虽然这些项目有不确定性，但它们代表了思考发展和定义发展的新思维，而过去很少这样做。坦佩是唯一的内陆大城市，必然第一个认真考虑重建市中心、轨道交通和复垦河床。凤凰城在发展一条细长的北向走廊，除此之外与新发展基本脱节，前进的方向和坦佩大同小异。

凤凰城历史和地理的第二个主题是为了克服沙漠生活的严酷性和不确定性而不懈斗争，坚守场所感，创造沙漠意象。早期凤凰城人建造了世界上最大最先进的储水和输水系统，建立了富有成效的繁荣的农业社会。水供应稳定和洪水危险大大减少后，荒野、浩渺、杂乱的沙漠变成了一排排绿树和一块块绿野，绿树成荫、河田相间。20 世纪 20 年代，市政领导开始了大规模植树造林运动"治理沙漠"。幸运的是，有远见的领导人从 20 世纪 20 年代开始就看到了保护自然沙漠的必要性，开始创建南山公园和凤凰山其他保护区。为了使沙漠的酷热适宜于民居，先采用蒸发冷却，后采用空调，凤凰城的夏天变得像其他城市一样凉爽，但却失去了特色。许多居民几乎不知道什么是真正的沙漠生活，沙漠对他们来说就是院子里的人造景观，就是城周围遗留的一些沙漠图标。而正是这些沙漠图标定义了场所感，维持了沙漠户外运动生活，对凤凰城的身份也至关重要。

许多人不在意沙漠绿洲的"沙漠"部分，但凤凰城年均降雨量仍只有 8 英寸，一年和一年之间差别巨大。亚利桑那中部快速城市化，沙漠取水不仅依靠亚利桑那中部的盐铜河流域，而且还依靠地下水层，也依靠广阔的科罗拉多河流域。任何一个地方的水源短缺都会使城市受伤。西部6年一大旱，科罗拉多河越来越无法按1922年科罗拉多河协议授权的数量供水。

凤凰城人经过发展征服了变幻莫测的沙漠生活，为此异常傲慢自满，不在乎旱地的局限性，不担心供水的危险性。可现在一切都晚了，他们受到了沙漠的惩罚。本地气候不确定、全球气候不稳定、干旱和洪水随时出现、城市热岛效应等，都威胁着生存。科学家们担心过高估计降水量引发了大规模的城市化。跨政府气候变化专门委员会预计如果温度上升2～3℃，降水就减少5%，这对城市是潜在的实质性变化，在适居性边缘地带已经显现。[7]近50年来，热岛效应把山谷地区的夏季夜间温度升高了12℃，而且越城市化变化越大。温度升高增加了用水需求，室外植物由于蒸发加大需要更多水灌溉，地区市政水约一半用于户外。由于热岛效应空调机组必须在炎热的夏夜努力工作，电力需求也增长了。责任心强的人对凤凰城的环境表示忧虑，凤凰城依赖广袤土地和地下蓄水层的水源，能否在长期的环境压力下维持双倍于现在的人口？民众还问，环境在人为地变化，是否会改变人类所依赖的物理和自然系统，支持生命、发展经济？

令人惊讶的是，已建环境与沙漠开放空间的审美和使用密集地交织在一起，无法推动国有信托土地法律的制定，无法使国家销售和租赁城市边缘规范化。没有胶水能把凤凰城人粘在一起，只有户外生活方式和沙漠图标还有点胶水的作用。宪法规定过去亚利桑那州农村的公立学校依靠国有土地租赁矿场和牧场的利润支持，现在的城市不适合了。现在超过 82% 的州人口居住在凤凰城和图森，这些成了开发公司保护边缘地区新土地开发的陪衬。如第 4 章所述，传统增长模式就是靠出售公共土地。

尽管凤凰城规模庞大、形状窄长、文化多元，其魅力之一是仍然散发着小城镇的感觉。市民开明、友好、礼貌。经济和政治体制规模小，凝聚力大。凤凰城人积极主动地与近邻社区建立紧密关系，行动不拖沓。这是他们得以平安的保证。凤凰城就是要为步履蹒跚的弱势群体、不被关注者的边缘化群体、自助餐式堆积的不自爱群体提供帮助。退休社区推行场中场（place-within-a-place）概念，可以不用承担大凤凰区的社会责任。这为众多总体规划社区搭建了平台，居民在人口日益多样化中接受自己的生活方式、希望周围人能像自己、和异己保持距离。一方面，为适应大而蔓延的移民城市环境，社区生活方式逻辑上需要迅速与他人建立联系——加速归属感和社区感。另一方面，由于培养了排他和隔离精神，大凤凰城的全部很难看到、感觉到和体验到。凤凰城人往小处想，但往大处住。他们愿意与小地方亲近，但又愿意驱车到远处工作；他们感觉到地区热岛和空气质量问题的影响，却指望远在怀俄明的积雪提供用水。

凤凰城未来的问题是无法往小想却要往大住。2000年，城市发展计划遭到居民否决，他们说还没有做好准备面对这种两难。过去30年，当地居民、学者和媒体一直在深度争论这个问题。近期通过了区域交通倡议，看到了希望，凤凰城市中心研发生物技术孵化器，宣传水资源短缺，需求区域做出响应。

凤凰城正处于一个十字路口。有一条未来之路是继续想小住大，这条道路承诺保持现状：社会分裂更大，职住不统一，水供应不稳定，拥堵增加，环境质量下降。另一条未来之路是住小想大。住小是指建筑环境允许并鼓励人们住在工作单位附近，促进大城市边缘发展和内城填充之间的平衡。这种观点提供住房选择，鼓励富裕白人回到市中心。想大是指更多关注区域层面的环境和社会问题，包括运输、供水及水质、空气质量、城市热岛效应、城市增长、沙漠开放空间的保护。由于自然环境的脆弱性，环境对生活质量的重要性，生活质量对经济增长的重要性，凤凰城人如忽视这些问题将面临极大危险。鉴于人口的急剧增长和容量的巨大变化，如果凤凰城能够适应更成熟形式的增长，与沙漠重新携手，建立超越了整个都市社区的多元文化归属感和认同感，就可以成为21世纪城市化的典范。

注释

第 1 章　沙漠城市化

1. E. J. Montini, "Pittsburgh Colors Views of Phoenix," *Arizona Republic*, January 23, 1996.

2. Philip VanderMeer, *Phoenix Rising: The Making of a Desert Metropolis* (Carlsbad, Calif.: Heritage Media Corp., 2002), 66.

3. Jane Freeman and Glenn Sanberg, *Jubilee: The 25th Anniversary of Sun City, Arizona* (Phoenix: Sun City Historical Society, 1984), 35–52.

4. The U.S. Census defines an urbanized area as a densely settled area containing more than 50,000 people.

5. As cited in Yvonne Wingett, "County Official Under Fire for Razing History," *Arizona Republic* (September 17, 2004), B1.

6. Thomas A. Heinz, *The Life and Works of Frank Lloyd Wright* (New York: Barnes & Noble, 2002).

7. U.S. Bureau of the Census, "Population Estimates," Population Estimates Program, Population Division, retrieved October 21, 2004 from http://www.census.gov/popest.

第 2 章　打造沙漠城

1. David Abbott, *Ceramics and Community Organization Among the Hohokam* (Tucson: University of Arizona Press, 2000).

2. Alfred Simon, "Mixing Water and Culture: Making the Canal Landscape in Phoenix," Ph.D. dissertation, Arizona State University, 2002, 31.

3. Abbott, *Ceramics and Community Organization*, 195.

4. Charles L. Redman, *Human Impact on Ancient Environments* (Tucson: University of Arizona Press, 1999), 148–156.

5. Jane Freeman and Glenn Sanberg, *Jubilee: The 25th Anniversary of Sun City, Arizona* (Phoenix: Sun City Historical Society), 1.

6. Peter Russell, "Downtown's Downturn: A Historical Geography of the Phoenix, Ariz., Central Business District, 1890–1986," master's thesis, Arizona State University, 1986, 29.

7. Ernest J. Hopkins and Alfred Thomas, Jr., *The Arizona State University Story* (Phoenix: Arizona Southwest Publishing, 1960), 34–45.

8. As cited in Dean Smith, *Tempe: Arizona Crossroads* (Chatsworth, Calif.: Windsor Publications, 1990), 24.

9. Hopkins and Thomas, *The Arizona State University Story*, 38.

10. Simon, "Mixing Water and Culture," 39.

11. Simon, "Mixing Water and Culture," 40.

12. Charles Sargent ed., *Metro Arizona* (Scottsdale, Ariz.: Biffington Books, 1988), 47.

13. D. T. Patten, "Present Vegetation-Environmental Conditions at Orme, Buttes, Charleston and Hooker Dam Locations," report prepared for the Bureau of Reclamation, 1972.

14. W. M. Pierce and W. Ingalls, *Plat Map Field Notes* (Phoenix: Bureau of Land Management, 1868).

15. Janie Chase Michaels, *A Natural Sequence: A Story of Phoenix, Arizona* (Bangor, Maine: C. H. Glass, 1895), 46.

16. Simon, "Mixing Water and Culture," 61–66.

17. Sargent, *Metro Arizona*, 88–89.

18. As cited in Smith, *Tempe: Arizona Crossroads*, 53.

19. Courtland L. Smith, *The Salt River Project: A Case Study in Cultural Adaption to an Urbanizing Community* (Tucson: University of Arizona Press, 1972), 10.

20. Smith, *The Salt River Project*, 11–12.

21. Bradford Luckingham, *Phoenix: The History of a Southwestern Metropolis* (Tucson: University of Arizona Press, 1989), 47.

22. Salt River Project. "Arizona Falls Showcases Art, History and Technology, retrieved on September 19, 2004 from http://www.srpnet.com/water/canals/

azfalls.asp.

23. Luckingham, *Phoenix*, 74–76.

24. James H. Gordon, "Temperature Survey of the Salt River Valley, Arizona," *Monthly Weather Review* 49 (1921): 273.

25. Luckingham, *Phoenix*, 56.

26. Pete R. Dimas, *Progress and a Mexican American Community's Struggle for Existence: Phoenix's Golden Gate Barrio*. American University Studies Regional Studies 10 (New York: Peter Lang, 1999), 45.

27. As cited in Luckingham, *Phoenix*, 109.

28. Dimas, *Progress*, 49.

29. Sargent, *Metro Arizona*.

30. Gail Cooper, *Air-Conditioning America: Engineers and the Controlled Environment, 1900–1960* (Baltimore: Johns Hopkins University Press, 1998), 177.

31. Robert J. Schmidli, "Climate of Phoenix," NOAA Technical Memorandum NWS WR-177. (Phoenix: National Weather Service, 1993).

32. Luckingham, *Phoenix*, 139.

33. Michael Konig, "Phoenix in the 1950s: Urban Growth in the Sunbelt," *Arizona and the West* 24 (1982): 19–38.

34. Matthew Gann McCoy, "Desert Metropolis: Image Building and the Growth of Phoenix, 1940–1965," Ph.D. dissertation, Arizona State University, 2000, 46–47.

35. G. Wesley Johnson, Jr., *Phoenix: Valley of the Sun* (Tulsa, Okla.: Centennial Heritage Press, 1982), 208.

36. Sargent, *Metro Arizona*, 116.

37. Cooper, *Air-Conditioning America*, 166.

38. John F. Long Biography, retrieved on September 17, 2004 from http://www.jflong.com/about.html.

39. David Majure, Arizona Memories video, a production of KAET-TV, 1995.

40. Konig, "Phoenix in the 1950s," 32.

41. Abby Bussel, "Report from Phoenix: City or Supersuburb?" *Progressive Architecture* 75 (1994): 58–63.

42. Edward H. Peplow, Jr.,"You'll Like Living in Phoenix," *Arizona Highways* (April

43. Simon, *Mixing Water and Culture*, 89–94.

44. P. Schafer, "Ben Schliefer's Vision of Youngtown," *Youngtown Reflections: A Special Supplement in the News-Sun*, November 5, 1979.

45. Youngtown Land and Development Company, *Fifth Anniversary of Youngtown, Arizona* (Phoenix: Youngtown Land and Development Company, 1959), 5.

46. Youngtown Land and Development Company, *Fifth Anniversary*, 5.

47. Youngtown Land and Development Company, *Fifth Anniversary*, 21.

48. Freeman and Sanberg, *Jubilee*, 19–20.

49. Freeman and Sanberg, *Jubilee*, 32.

50. Patricia Gober, "The Sun Cities of Metropolitan Phoenix: No Children Allowed." In Tom L. McKnight, ed., *The Regional Geography of the United States and Canada* (Upper Saddle River, N.J.: Prentice-Hall, 2001), 373–375.

51. U.S. Army Corps of Engineers, *Study of Flood Damage Reduction for Allenville, Arizona* (Los Angeles: U.S. Army Corps of Engineers, District of Los Angeles, 1980), 9.

52. Craig Martin Roberge, "Physical Interactions Between Phoenix and the Salt River, Arizona," Ph.D. dissertation, Arizona State University, 1999.

53. Stephen E. Lee, "Indian Bend Wash"; William L. Graf ed., *The Salt and Gila Rivers in Central Arizona*, Department of Geography Publication 3 (Tempe: Arizona State University, Department of Geography, 1988), 93–104.

54. City of Scottsdale, *Indian Bend Wash* (Scottsdale, Ariz.: City of Scottsdale, Communications and Public Affairs, 1985).

55. Lee, "Indian Bend Wash."

56. City of Scottsdale, *Indian Bend Wash*, 97–100.

57. Desmond D. Connall, Jr., "A History of the Arizona Groundwater Management Act," *State Land Journal* 2 (1982): 313–344.

58. Connall, "A History of the Arizona Groundwater Management Act," 315.

59. Connall, "A History of the Arizona Groundwater Management Act," 343–344.

60. Katharine L. Jacobs and James M. Holway, "Managing for Sustainability in an

Arid Climate: Lessons learned from 20 years of Groundwater Management in Arizona, USA," *Hydrology Journal* 12 (2002): 52–65.

61. Jacobs and Holway, "Managing for Sustainability in an Arid Climate," 56.

62. Arizona Department of Environmental Quality, *Air Quality Report, FY2003* (Phoenix: Arizona Department of Environmental Quality, A.R.S. 49–424.10, 2004), 24.

63. Weathersmith, "Phoenix Metropolitan Area Air Quality Summary 1990–2002," retrieved on August 28, 2004 from http://www.weathersmith.com/WsAq Phoenix.html.

64. Andrew W. Ellis, Mark L. Hildebrandt, Wendy M. Thomas, and H. J. S. Fernando, "Analysis of the Climatic Mechanisms Contributing to the Summertime Transport of Lower Atmospheric Ozone Across Metropolitan Phoenix, Arizona, USA," *Climate Research* 15 (2000): 13–31.

65. Weathersmith, "Phoenix Metropolitan Area Air Quality Summary 1990–2002."

66. Arizona Department of Environmental Quality, *Air Quality Report*, 31.

67. Anthony J. Brazel, "Future Climate in Central Arizona: Heat and the Role of Urbanization," Arizona State University, Consortium for the Study of Rapidly Growing Regions, Research Vignette No. 2, September 2003.

68. Lawrence A. Baker, Anthony J. Brazel, Nancy Selover, Chris Martin, Nancy McIntyre, Frederick R. Steiner, Amy Nelson, and Laura Musacchio, "Urbanization and Warming of Phoenix (Arizona, USA): Impacts, Feedbacks and Mitigation," *Urban Ecosystems* 6 (2002): 183–203.

69. Donna A. Hartz, Anthony J. Brazel, and Gordon M. Heisler, "A Case Study in Resort Climatology of Phoenix, Arizona, USA," paper, Department of Geography, Arizona State University, 2004.

70. Hartz et al., "A Case Study in Resort Climatology."

第3章　不断变化的社会动态

1. "Neighborhood Crafting," *Verrado Home Town Arizona* 1 (2004): 16.

2. As cited in Shirley Roberts, "Minority-Group Poverty in Phoenix: A Socio-Economic Survey," *Journal of Arizona History* 14 (1973): 350.

3. As cited in Roberts, "Minority-Group Poverty in Phoenix," 348.

4. Roberts, "Minority-Group Poverty in Phoenix," 328.

5. Roberts, "Minority-Group Poverty in Phoenix," 357–358.

6. Arthur G. Horton, *An Economic, Political and Social Survey of Phoenix and the Valley of the Sun* (Tempe, Ariz.: Southside Progress, 1941), 27.

7. Robert A. Trennert, *The Phoenix Indian School: Forced Assimilation in Arizona 1891–1935*. (Norman: University of Oklahoma Press, 1988), 72, 168.

8. Edward B. Liebow, "A Sense of Place: Urban Indians and the History of Pan-Tribal Institutions in Phoenix, Arizona," Ph.D. dissertation, Arizona State University, 1986.

9. Helena Paivi Noikkala, "Native American Women and Community Work in Phoenix, 1965–1980," Ph.D. dissertation, Arizona State University, 1995.

10. U.S. Bureau of the Census, "Census 2000 Summary File 1," retrieved October 22, 2004 from http://factfinder.census.gov.

11. Leah S. Glaser, "The Story of Guadalupe, Arizona: The Survival and Preservation of a Yaqui Community," Ph.D. dissertation, Arizona State University, 1996.

12. Leah S. Glaser, "Working for Community: The Yaqui Indians at the Salt River Project," *Journal of Arizona History* 37 (1996): 337–357.

13. Glaser, "Working for Community," 347.

14. Glaser, "Working for Community," 347, 353.

15. Pete R. Dimas, *Progress and a Mexican American Community's Struggle for Existence: Phoenix's Golden Gate Barrio*, American University Studies Regional Studies, 10 (New York: Peter Lang, 1999), 22.

16. Bradford Luckingham, *Minorities in Phoenix* (Tucson: University of Arizona Press, 1994).

17. Simon, "Mixing Water and Culture," 63.

18. Luckingham, *Minorities in Phoenix*, 96.

19. Dimas, *Progress*, 61–62.

20. Dimas, *Progress*, 83–84.

21. Dimas, *Progress*, 50.

22. Dimas, *Progress*, 101–112.

23. U. S. Bureau of the Census, "Census 2000 Summary File 1."

24. Luckingham, *Minorities in Phoenix*, 110, 117.

25. Melissa Keane, A. E. Rogge, and Bradford Luckingham, *The Chinese in Arizona, 1870–1950: A Component of the Arizona Historic Preservation Plan* (Phoenix: Arizona State Historic Preservation Office, 1992), 6.

26. Keane et al., *The Chinese in Arizona*, 35.

27. Luckingham, *Minorities in Phoenix*, 82.

28. Keane et al., *The Chinese in Arizona*, 36.

29. Luckingham, *Minorities in Phoenix*, 82.

30. Luckingham, *Minorities in Phoenix*, 103.

31. U.S. Bureau of the Census, "Census 2000 Summary File 1."

32. Matthew C. Whiteaker, "In Search of Black Phoenicians: African American Culture and Community, 1868 to 1940," Master's thesis, Department of History, Arizona State University, 1997.

33. Whitaker, "In Search of Black Phoenicians."

34. Whitaker, "In Search of Black Phoenicians," 59.

35. Luckingham, *Minorities in Phoenix*, 133–34.

36. As cited in Whitaker, "In Search of Black Phoenicians," 56.

37. As cited in Whitaker, "In Search of Black Phoenicians," 63–64.

38. Luckingham, *Minorities in Phoenix*, 144.

39. Dolores Hayden, *A Field Guide to Sprawl* (New York: W.W. Norton, 2004).

40. American Religion Data Archive, "Religious Congregations & Memberships Maps and Reports," retrieved October 13, 2004 from www.thearda.com.

41. Mesa Public Schools, *Our Town: The Story of Mesa, Arizona, 1878–1991* (Mesa, Arizona: Mesa Public Schools, 1991), 50.

42. Mesa Historical Museum, "A Brief History of Mesa, Arizona," retrieved July 31, 2004 from http://www.mesaar.org/mesa/index.htm.

43. American Religion Data Archive, "Religious Congregations & Memberships."

44. U. S. Bureau of the Census, "Census 2000 Summary File 1."

45. U.S. Bureau of the Census, "Population Estimates."

46. *Philadelphia Inquirer*, "Phoenix Sprawls Past Philadelphia in Population," May

18, 2004, B1; *Philadelphia Inquirer*, "Philadelphia Still One on Phoenix," June 25, 2004. B1; John Talton, "Lucky Friday the 13th—Now the Real Work Begins," *Arizona Republic*, June 15, 2003, B1.

47. U.S. Bureau of the Census, "Population Estimates."

48. Arizona Department of Economic Security, "July 1, 1997 to July 1, 2050 Arizona County Population Projections," retrieved on September 20, 2004 from http:// www.de.state.us/population.

49. U.S. Bureau of the Census, "Census 2000 County-to-County Migration Flows," retrieved September 19, 2004 from http://www.census.gov/population/www/ cen2000/ctytoctyflow.html.

50. G. Wesley Johnson, Jr., *Phoenix: Valley of the Sun* (Tulsa, Okla.: Centennial Heritage Press, 1982.

51. William Cronon, *Nature's Metropolis: Chicago and the Great West* (New York: W.W. Norton, 1991).

52. Tom R. Rex, "Chicago and Phoenix Are Major Migration Partners," *Arizona Business* 49 (2002): 1–5.

53. U.S. Bureau of the Census, "Census 2000 Summary File 1."

54. U.S. Bureau of the Census, "Census 2000 Summary File 3."

55. William F. Frey, "Metropolitan Magnets for International and Domestic Migrants," 2003, retrieved September 22, 2004 from http://www.brookings.edu/ metro/publications/200310_frey.htm.

56. U.S. Bureau of the Census. "Census 2000 Summary File 3."

57. John Harner, "The Mexican Community in Scottsdale, Arizona," *Yearbook, Conference of Latin Americanist Geographers* 26 (2000): 29–46.

58. U.S. Bureau of the Census. "Census 2000 Summary File 3."

59. Arizona Department of Economic Security, Refugee Resettlement Program, "Refugee Arrivals by Nationality and Year of Resettlement," March 8, 2001.

60. Neel Battacharjee and Patricia Gober, "Bosnian Refugee Resettlement in Phoenix," paper presented at the annual meeting of the Association of American Geographers, Los Angeles, March 2002.

61. Battacharjee and Gober, "Bosnian Refugee Resettlement in Phoenix."

62. Battacharjee and Gober, "Bosnian Refugee Resettlement in Phoenix."

63. Battacharjee and Gober, "Bosnian Refugee Resettlement in Phoenix."

64. Battacharjee and Gober, "Bosnian Refugee Resettlement in Phoenix."

65. Arizona Department of Health Services, "Advanced Arizona Vital Statistics for 2000," Section 1, Births by Mother's Age, Race/Ethnicity, and County of Residence.

66. Population Reference Bureau, *2004 World Population Data Sheet* (Washington, D.C.: Population Reference Bureau, 2004).

67. Kevin E. McHugh, Patricia Gober, and Daniel Borough, "The Sun City Wars: Chapter 3," *Urban Geography* 23 (2002): 627–648.

68. Maricopa County, "Seniors in Maricopa County: Background Report" (Phoenix: Maricopa County, 1997).

69. McHugh et al., "The Sun City Wars: Chapter 3," 633–635.

70. McHugh et al., "The Sun City Wars: Chapter 3," 639–640.

71. McHugh et al., "The Sun City Wars: Chapter 3," 644.

72. As cited in L. Baker and C. Elias, "Reactions Mixed to Dysart Turmoil Resignations over Luke: Jets has Foes, Friends," *Arizona Republic*, July 4, 2001, 1.

73. Patricia Gober, "Phoenix: A City of Migrants," unpublished report for the Morrison Institute of Public Policy, Arizona State University, 2000.

74. Motoko Rich, "Bring the Family," *Wall Street Journal*, June 25, 2001.

75. Anthem Activities Guide & Information, "A Message for You," Winter 2001/02: 4.

76. "Anthem Country Club," retrieved November 17, 2004 from http://www.del webb.com/homefinder/Community.aspx?ID=100024.

77. Sarah JoAnne Brinegar, "Emergency Shelter Location and Homeless Family Displacement in the Phoenix Area," Ph.D. dissertation, Arizona State University, 2000.

78. Herberger Center for Design Excellence, Renaissance of the Capitol District, *Proceedings of the Capital Mall Charrette* (Tempe: Arizona State University, College of Architecture and Environmental Design, Herberger Center for Design Excellence Publications, 1996).

79. Sarah JoAnne Brinegar, "The Social Construction of Homeless Shelters in the

Phoenix Area," *Urban Geography* 24 (January 2003): 61–74.

80. Brinegar, "Emergency Shelter Location," 33–35.

81. Brinegar, "Emergency Shelter Location," 36.

82. Brinegar, "Emergency Shelter Location," 38.

83. Don Mitchell, "Anti-homeless Laws and Public Space: I. Begging and the First Amendment," *Urban Geography* 19 (1998): 6–11; Don Mitchell, "Anti-homeless Laws and Public Space: II. Further Constitutional Issues,"*Urban Geography* 19 (1998): 98–104.

第 4 章　在沙尘中安然无恙

1. Jonathon Laing, "Phoenix Descending: Is Boomtown Going Bust?" *Barron's* (8 December 19, 1988).

2. "Banking on Growth," *Arizona Republic*, November 21, 2004, A1, A24.

3. "Philly vs. Phoenix," *Arizona Republic*, June 20, 2004, A1.

4. U.S. Bureau of the Census, "Census 2000 Summary File 1"; U.S. Bureau of the Census, "General Social Characteristics, Arizona, 1980."

5. Mary Jo Waits, Rebecca L. Gau, Mark Muro, Tina Valdecanas, Tom R. Rex, Leonard G. Bower, Elizabeth Burns, Lisa DeLorenzo, William Fulton, Patricia Gober, John Hall, Alicia Harrison, Kent Hill, Glen Krutz, and Scott Smith, *Hits and Misses: Fast Growth in Metropolitan Phoenix* (Tempe: Morrison Institute for Public Policy, Arizona State University, 2000), 19.

6. National Association of Realtors, "Median Sales Price of Existing Single-Family Homes for Metropolitan Areas," retrieved September 19, 2004 from http://www .realtor.org/publicaffairsweb.nsf/Pages/2QtrMetroPrices04?OpenDocument.

7. Bussel, Abby, "Report from Phoenix: City or Supersuburb?" *Progressive Architecture* 75 (1994): 58–63.

8. Arizona Department of Economic Security, "July 1, 1997 to July 1, 2050 Arizona County Population Projections," retrieved September 20, 2004 from http:// www.de.state.us/population.

9. Maricopa Association of Governments, "View of the Valley in 2040: What Are We Leaving Our Grandchildren?" retrieved August 16, 2002 from http://www.mag

.maricopa.gov/archive/PUB/PRESENT/Fullpresentation.pdf.

10. Grady Gammage, *Phoenix in Perspective: Reflections on Developing the Desert* (Tempe: Herberger Center for Design Excellence, College of Architecture and Environmental Design, Arizona State University, 1999), 68.

11. Carol E. Heim, "Leapfrogging, Urban Sprawl, and Growth Management: Phoenix, 1950–2000," *American Journal of Economics and Sociology* 60 (2001): 245–283.

12. Patricia Gober and Elizabeth K. Burns, "The Size and Shape of Phoenix's Urban Fringe," *Journal of Planning Research and Education* 21 (2002): 379–390.

13. Waits et al., *Hits and Misses*, 33.

14. As cited in Marty Sauerzopf, "Tiny Town Quietly Arranges a Boom," *Arizona Republic*, August 18, 2001, 1, 14.

15. As cited in Sauerzopf, "Tiny Town Quietly Arranges a Boom," 14.

16. Donna Benge, *Know Your Neighbor: The Salt River Pima and Maricopa Indians* (Mesa, Ariz.: Mesa Public Schools, 1974).

17. Gregory McNamee, *Gila: The Life and Death of an American River* (New York: Orion Books, 1994), 113.

18. Dick Glenn Winchell, "Space and Place of the Yavapai," Ph.D. dissertation., Arizona State University, 1982, 101.

19. Kenneth Madsen, "Edge City in Progress: The Case of the Salt River Pima-Maricopa Indian Community," report, Department of Geography, Arizona State University, 1997.

20. Gilbert Oral History Project, "Interviewee: Marvin Morrision," interviewed by Carol Shepard on July 9, 1992 at the Morrison Home, 12930 E. Elliot Road, Gilbert, Arizona.

21. Howard Morrison, personal communication, Morrison Ranch, August 4, 2004.

22. Morrison, personal communication.

23. Kevin E. McHugh and Robert C. Mings, "On the Road Again: Seasonal Migration to a Sunbelt Metropolis," *Urban Geography* 12 (1991): 1–18.

24. Sandy Bahr, "Proposition 202, the Citizen's Growth Management Initiative," Greater Phoenix Net, retrieved July 9, 2004 from http://www.greaterphoenix.net/work/opinions.htm.

25. Engineering News Record, "Desert Debate: Ballot Initiative Could Box in Arizona's Growth," July 3, 2000, 9.

26. City of Phoenix. "South Mountain Facts," retrieved September 19, 2004 from http://www.ci,phoenix.az.us/PARKS/hiksofac.html.

27. Arizona State University. "Dottie Gilbert and the Phoenix Mountain Preserves," retrieved September 19, 2004 from http://www.asu.edu/lib/archives/gilbert/index.html.

28. Gammage, *Phoenix in Perspective*, 99.

29. Arizona State Land Department, "State Land Department Programs: Arizona Preserve Initiative Program," retrieved May 28, 2002 from http://www.land.state.az.us/programs/operations/api.htm.

30. Arizona State Land Department, "Public Auction Held by the State Land Department," retrieved September 17, 2004 from www.land.state.az.us/programs/realestate/auctions/results.htm.

31. Thomas Ropp and Lesley Wright, "Scottsdale Preserves Land," *Arizona Republic*, August 31, 2001, A1.

32. City of Scottsdale, *ESLO Users' Manual* (Scottsdale, Ariz.: Planning and Zoning Department, 1991).

33. K. Ingley, "Loopholes for Hillsides Upset Critics," *Arizona Republic*, July 29, 1996, A1, A5.

34. C. I. Provencio, "Hillside House Angers Residents," *Arizona Republic*, April 24, 2002.

第 5 章　不做洛杉矶的翻版！

1. Peter Alshire, "LA-2," *Phoenix Magazine* 31 (December 1996): 62–94.

2. Bradford Luckingham, *Phoenix: The History of a Southwestern Metropolis* (Tucson: University of Arizona Press, 1989), 241.

3. Peter O. Muller, "Transportation and Urban Form: Stages in the Spatial Evolution of the American Metropolis," and Susan Hanson, ed., *The Geography of Urban Transportation* (New York: Guilford Press, 1995), 26–52.

4. Dean Smith, *Tempe: Arizona Crossroads* (Chatsworth, Calif.: Windsor Publica-

tions, 1990), 163.

5. Allen Roberts, Thomas Graham, and Claudia Anderson, *Historic Homes of Phoe-nix: An Architectural & Preservation Guide* (Phoenix: City of Phoenix Publication, 1992), 34–43.

6. As cited in Jerry W. Abbitt, *History of Transit in the Valley of the Sun* (Phoenix: City of Phoenix Transit System, 1990), 10.

7. Abbitt, *History of Transit*, 11–12.

8. Luckingham, *Phoenix: The History of a Southwestern Metropolis*, 91.

9. Charles Sargent, ed., *Metro Arizona* (Scottsdale, Ariz.: Biffington Books, 1988).

10. City of Phoenix, *Willow Neighborhood Conservation Plan* (Phoenix: City of Phoe-nix Planning Department, 1991), 3.

11. City of Phoenix, *Story Neighborhood Conservation Plan* (Phoenix: City of Phoenix Planning Department, 1991), 3.

12. City of Phoenix, *Neighborhood Conservation Plan for the Coronado Neighbor-hood* (Phoenix: City of Phoenix Planning Department, 1991), 4–7.

13. Roberts et al., *Historic Homes of Phoenix*, 44.

14. Roberts et al., *Historic Homes of Phoenix*, 45.

15. Abbitt, *History of Transit*, 13–15.

16. Lawrence J. Fleming, *Ride a Mile and Smile the While: A History of the Phoenix Street Railway, 1887–1948* (Phoenix: Swaine Publications, 1977), 122.

17. G. Wesley Johnson Jr., *Phoenix: Valley of the Sun* (Tulsa: Centennial Heritage Press, 1982), 95–97.

18. As cited in Abbitt, *History of Transit*, 36.

19. *Urban Transport Fact Book*, "Personal Vehicle & Public Transport Market Share from 1945" retrieved on November 19, 2001 from www.publicpurpose.com/ut-usptshare45.htm.

20. Abbitt, *History of Transit*, 89.

21. Abbitt, *History of Transit*, 133.

22. Luckingham, *Phoenix: The History of a Southwestern Metropolis*, 200–201.

23. Roberts et al., *Historic Homes of Phoenix*, 10.

24. Texas Transportation Institute, "Mobility Data 2001," retrieved December 4, 2001

from

http://mobility.tamu.edu/2001/study/cities/tables/complete_data.xls.

25. Texas Transportation Institute, "Mobility Data 2004," retrieved October 20, 2004 from http://mobility.tamu.edu/ums/congestion_data/tables/national/ table_1.pdf.

26. Texas Transportation Institute, "Mobility Data 2004."

27. John Pickus and Patricia Gober, "Urban Villages and Activity Patterns in Phoenix," *Urban Geography* 9 (1988): 85–97.

28. Elizabeth K. Burns and Patricia Gober, "Job Linkages in Inner-City Phoenix," *Urban Geography* 19 (1998): 12–23.

29. Scottsdale Chamber of Commerce, "Business Areas," retrieved March 16, 2005 from http://www.scottsdalechamber.com/economic/index.html#Business.

30. City of Scottsdale, *City of Scottsdale 2002–2004 Economic Vitality Strategy Plan* (Scottsdale, Ariz.: Economic Vitality Department, 2002).

31. Jay Q. Butler, "Home Sales, Appreciation Rates at All-time High in 2003," *Arizona Business* 51 (2004): 1–11.

32. Gene Slechta, "Scottsdale Airpark Employment/Housing Study," report, Department of Geography, Arizona State University, 2003.

33. Greater Phoenix Economic Council, "Greater Phoenix Call Center Listing and Map," Retrieved July 16, 2004 from http://www.gpec.org/InfoCenter/Reports/ callcenter.html.

34. Lima & Associates, "Transportation Needs Study for the Ahwatukee Foothills Village," Prepared for the City of Phoenix, December 2000.

35. Butler, "Home Sales, Appreciation Rates at All-time High in 2003," 9.

36. Richard Werbal and Peter Haas, "Factors Influencing Voting Results of Local Transportation Funding Initiatives with a Substantial Transit Component: Case Studies of Ballot Measures in Eleven Communities," Mineta Transportation Institute (San Jose, Calif.: San Jose State University College of Business, 2001), retrieved July 2, 2004 from http://transweb.sjsu.edu/publications/ BallotMeasures.htm.

37. Werbal and Haas, "Factors Influencing Voting Results," 72–82.

38. John S. Pipkin, "Disaggregate Models of Travel Behavior," in Susan Hanson, ed., *The Geography of Urban Transportation* (New York: Guilford Press, 1995), 188–239.

39. Carol Atkinson-Palombo, "How Much TOD Is Needed to Make Light Rail Work? Phoenix—A Case Study," report, Department of Geography, Arizona State University, 2003.

40. U.S. Bureau of the Census, "Census 2000 Summary File 3."

第6章 市区再开发: 双城记

1. Peter Russell, "Downtown's Downturn: A Historical Geography of the Phoenix, Ariz., Central Business District, 1890–1986," master's thesis, Arizona State University, 1986, 37–40.

2. Dean Smith, *Tempe: Arizona Crossroads* (Chatsworth, Calif.: Windsor Publications, 1990), 50.

3. As cited in Smith, *Tempe: Arizona Crossroads*, 46.

4. Russell, "Downtown's Downturn," 92.

5. Russell, "Downtown's Downturn," 67.

6. Charles Sargent, ed., *Metro Arizona* (Scottsdale, Ariz.: Biffington Books, 1988), 47.

7. Russell, "Downtown's Downturn," 77.

8. Smith, *Tempe, Arizona Crossroads*, 88.

9. Ernest J. Hopkins and Alfred Thomas, Jr., *The Arizona State University Story* (Phoenix: Arizona Southwest Publishing, 1960), 263.

10. Russell, "Downtown's Downturn," 21.

11. Michael H. Bernstein, "Geographical Perspectives on Skid Row in Phoenix, Arizona," masters thesis, Arizona State University, 1972, 31.

12. Bernstein, "Geographical Perspectives on Skid Row," 57–63.

13. Bernstein, "Geographical Perspectives on Skid Row," 71–72; Russell, "Downtown's Downturn," 118–120.

14. Bernard J. Frieden and Lynne B. Sagalyn, *Downtown, Inc.: How America Rebuilds Cities.* (Cambridge, Mass.: MIT Press, 1990), 39.

15. Herberger Center for Design Excellence, Renaissance of the Capitol District, *Proceedings of the Capital Mall Charrette* (Tempe: Arizona State University, College of Architecture and Environmental Design, Herberger Center for Design Excellence Publications, 1996), 7–8.

16. Bradford Luckingham, *Phoenix: The History of a Southwestern Metropolis* (Tucson: University of Arizona Press, 1989), 240.

17. Karrie Jacobs, "Public Space: Can an Ambitious Program of Public Buildings, Including a Dramatic New Library, Turn a Sprawling Urban Area into a Real City?" *Metropolis* (March 1996): 56–69.

18. Jodie Snyder, "State's 'Big Ambitions' Seen in TGen Center," *Arizona Republic* (June 13, 2003).

19. John Talton, "Lucky Friday the 13th—Now the Real Work Begins," *Arizona Republic* (June 15, 2003), B1.

20. Gerald Ray Stricklin, "Transition in the Tempe, Arizona Central Business District," master's thesis, Arizona State University, 1976, 105.

21. Matthew R. Holochwost, "Changing Perceptions About the Role of the Central Business District: Downtown Tempe, 1968–1997." master's thesis, Arizona State University, 1997, 25–31.

22. Holochwost, "Changing Perceptions About the Role of the Central Business District," 34–35.

23. As cited in Stricklin, "Transition in the Tempe, Arizona Central Business District," 123.

24. Holochwost, "Changing Perceptions About the Role of the Central Business District," 82.

25. Holochwost, "Changing Perceptions About the Role of the Central Business District," 52–53.

26. Harry Mitchell, personal communication, June 3, 2002 at State Office Building, 1700 West Washington Street, Phoenix.

27. H. E. Mitchell, "Mill Avenue Oral History Project," interview conducted by Ron McCoy in 1988. Tempe: Arizona State University, Department of Archives and Manuscripts.

28. Lee McPheters, "The Economic Impact of America West Airlines on Arizona," report prepared for America West Airlines, 2001.

29. City of Tempe, "Tempe Town Lake: Historic Timeline," retrieved July 31, 2004 from http://www.tempe.gov/rio/LakeHistory/timlin.htm.

30. Mary Jo Waits and Chi Nguyen, *The Downtowns of the Future: Opportunities for Regional Stewards* (Tempe: Morrison Institute for Public Policy, Arizona State University, 2001).

31. Alfred Simon, "Mixing Water and Culture: Making the Canal Landscape in Phoenix," Ph.D. dissertation, Arizona State University, 2002, 127–141.

第 7 章　往小处想，往大处住

1. Peter Alshire, "L.A. 2," *Phoenix Magazine* 31 (December 1996): 62–94.

2. Arizona Department of Economic Security, "Population Estimates for Arizona Counties, Incorporated Places, and Balance of County Areas," retrieved March 23, 2005 from http://www.workforce.az.gov/admin/uploadedPublications/1468_EEC04.pdf.

3. Arizona Department of Economic Security, "Phoenix, Mesa, Scottsdale Metropolitan Area Labor Force and Nonfarm Employment," retrieved March 23, 2005 from http://www.workforce.az.gov/admin/uploadedPublications/635_phxnaics.exl.

4. Butler, Jay Q., "Single Family Construction Increases in Third Quarter," *Arizona Business* 51 (January 2004): 6; Butler, Jay Q., "Single-Family Commercial Construction Up in First Quarter," *Arizona Business* 51 (July 2004): 5.

5. Butler, Jay Q., "Housing Affordability Faces Uncertain Future," *Arizona Business* 51 (December 2004): 5.

6. Dolores Hayden, *A Field Guide to Sprawl* (New York: W. W. Norton, 2004), 7–8.

7. J. T Houghton, et al., eds., *Climate Change 2001: The Scientific Basis* (Cambridge: Cambridge University Press, 2001).

注释

致谢

　　许多人读过初稿后帮我凝练主题，润色文字。由于他们的宝贵意见，我才不至于犯严重的逻辑错误和表述错误。我一直很感激劳伦·库比、凯伦·格伦伯格以及我的女儿凯利·格拉夫，感谢他们的辛勤编辑。卡罗尔·阿特金森－帕伦博、安东尼·布雷泽尔、罗恩·多姆、安德鲁·埃利斯、盖尔·费雪、约翰·基恩、马修·罗德、南希·韦尔奇、伊丽莎白·温茨和路易斯·韦施勒也都给予我积极的、实质性的建议。我特别感激本书的主编朱迪思·马丁。感谢他认真阅读、通篇编辑，感谢他让我紧扣主题，感谢他帮助我以一种可读性的方式创作。芭芭拉·特拉皮多·卢里把我的思想转成地图和数字给予图像说明，他从设计角度用图表展现出来，具有地理层面的场所感。我也特别感谢国家科学基金会沙漠城市决策中心，感谢他们了解区域气候和水管理，并在不确定的情况下制定决策。

　　本书离不开国家科学基金会的支持，准许证是 SES-0345945。本书所表述的任何思想、发现、结论或建议都是作者观点，并未代表国家科学基金会的观点。

译后记

看到这本书，似乎有点前世之缘，倍感亲切，那里的一草一木、一砖一瓦、一水一山、一沙一土好像都是我亲眼所见。也许是因为我崇拜凤凰涅槃的精神，也许是因为我敬仰沙漠胡杨三千年不朽的顽强，总之这本凤凰城与沙漠交织的故事把我带进人类生存与发展的灵性世界，不仅认识凤凰城，而且通过凤凰城认识整个人类的城市世界。

作者帕特里夏·格贝尔以其敏锐的目光观察凤凰城的每一个细胞变化：约560年前的霍霍坎文化、19世纪末欧洲移民的开垦、20世纪初的健康寻梦、世界大战的军事基地、近半个多世纪的城市化，用一根主线：沙漠、发展和社区串起凤凰城的每一件值得记忆的大事小情，大到罗斯福大坝如何修建，小到流浪者问题如何解决，用一组组数据、一幅幅图画以及一个个历史存在的人物真名实姓地、真材实料地在读者眼前上演了一部凤凰城的变迁史大剧。

本书的细节千千万，但精神实质只有一个：跌倒爬起"从头再来"。我怀着虔诚的心逐字逐句读译凤凰城，我相信中文读者也会和我一样虔诚敬畏地与凤凰城交朋友，学习凤凰城人的顽强、坚韧、聪明、包容、进取，也学习本书作者著书立说时秉持的严谨风格。

真心愿与同道共勉，希望人类城市世界都能摒弃想小住大的功利思想，真正树立"往大处想，往小处住"的远大理想。

贾荣香

2017 年 10 月

于北京建筑大学